高弹性电网防台风灾害技术

史兴华　主编

中国电力出版社
CHINA ELECTRIC POWER PRESS

内 容 提 要

为提升我国电网面临台风等自然灾害时的电力供应安全水平，为电网提供有效的灾害防御手段与应对措施，保障重要基础设施在极端自然灾害下持续可靠供电，本专著在继承已有高弹性电网建设理论的基础上，充分借鉴国内外先进成果及实践经验，提出了高弹性电网防台抗灾建设的基础理论与战略目标，设计了完整、科学的防台抗灾能力评价体系，系统介绍了电网防台抗灾的关键技术，总结了试点实践经验。

本专著面向电力系统规划与运行人员，为科学高效地构建防台抗灾的高弹性电网、提升电网抵御台风灾害的能力提供技术指导。

图书在版编目（CIP）数据

高弹性电网防台风灾害技术/史兴华主编．—北京：中国电力出版社，2022.10

ISBN 978-7-5198-7119-2

Ⅰ．①高…　Ⅱ．①史…　Ⅲ．①电网－风灾－灾害防治　Ⅳ．①TM727

中国版本图书馆 CIP 数据核字（2022）第 186238 号

出版发行：中国电力出版社

地　　址：北京市东城区北京站西街 19 号（邮政编码 100005）

网　　址：http：//www.cepp.sgcc.com.cn

责任编辑：孙　芳（010-63412381）

责任校对：黄　蓓　常燕昆

装帧设计：赵姗姗

责任印制：吴　迪

印　　刷：三河市万龙印装有限公司

版　　次：2022 年 10 月第一版

印　　次：2022 年 10 月北京第一次印刷

开　　本：787 毫米×1092 毫米　16 开本

印　　张：9

字　　数：192 千字

印　　数：0001—1500 册

定　　价：80.00 元

编　委　会

前 言

我国浙江沿海地区，如温州市、台州市和宁波市等地，常年受到台风、雷击、暴雨等极端自然灾害的影响，电网面临遭受较大面积停电损失的诸多风险。目前，在风险预警、抵御手段、恢复能力以及决策支持等方面，基本处于较为被动的状态，缺乏有效的灾害防御手段与应对措施。高弹性电网防台抗灾的建设与严重故障后电网恢复能力的提高，依赖于合理的网架与电源结构、优良可靠的设备、完善的运行控制技术支持系统，以及有效的停电事故应急处理和恢复机制。因此，亟待开展高弹性电网防台抗灾相关技术的研究与示范应用，以保证重要基础设施在极端自然灾害下持续可靠供电，提高电力系统的自适应性和故障恢复能力。

为适应新形势、新要求，全面提升高弹性电网防台抗灾规划与运行工作流程，在继承已有高弹性电网建设理论的基础上，充分借鉴国内外先进成果经验和市县公司研究成果，深入贯彻多元融合高弹性电网的理念和思路，编制完成《高弹性电网防台风灾害技术》。

本书详细介绍了高弹性电网防台抗灾的建设目标、建设思路、内涵特征与功能形态，设计了能够针对性、差异化地指导电网防台抗灾能力建设的多层级核心评价指标体系，形成了涵盖平时预、灾前防、灾中守、灾后抢与事后评等不同台风应对阶段的关键技术体系，总结了试点实践经验，明确了重点建设任务。

本书着重体现了高弹性电网防台抗灾建设的四项工作。第一，开展基础理论研究，形成发展战略目标；第二，构建核心评价体系，精准识别电网应对台风的薄弱环节；第三，提出规划与运行的关键技术，从平时、灾前、灾中、灾后等多个阶段出发提出防台抗灾策略；第四，开展应用实践，及时发现理论研究的不足，积累建设经验。

在本书编写过程中，得到公司各级单位的大力支持和多位配网专家的悉心指导，希望能为浙江高弹性电网防台抗灾建设提供有效的技术指引和工作支撑。

限于作者水平，书中难免有不足之处，敬请广大读者提出宝贵意见和建议。

作 者

2022 年 8 月

目　录

第一章　高弹性电网防台抗灾概述

第一节　高弹性电网防台抗灾研究背景

近年来，“桑迪”“彩虹”“天鸽”“利奇马”等一系列台风/飓风导致的停电事件，得到了国内外的广泛关注，未来建设能够积极应对台风等极端事件的电网，已经逐渐形成共识。浙江省地处东南沿海，常年受到台风等极端自然灾害的影响，电网面临遭受较大面积停电损失的风险。目前，在风险预警、量化评价、抵御手段、恢复措施以及决策支持等方面，基本处于较为被动的状态，缺乏有效的灾害防御手段与应对措施。台风天气下电网设备跳闸次数多且时间集中，永久性故障多且难以及时恢复，电网面临大面积停电损失的风险，因此，亟需开展电网防台抗台、灾后快速恢复的研究与实践，构建高弹性电网防台抗灾评价体系与关键技术架构，以指导电网建设，保证重要基础设施在极端自然灾害下持续可靠供电。

为了科学高效地构建防台抗灾的高弹性电网，提升其抵御台风灾害的能力，涉及两个基本的问题：一是，如何分析台风灾害对电网的影响及其机理，对电网弹性进行定量评价，以确定限制电网弹性水平的关键薄弱环节，为风险预警以及制定针对性的防御措施与增强措施提供决策依据；二是，如何结合台风灾害引发严重故障时空分布特性，综合协调利用可用的资源，包括人力资源、电网设备、应急物资等，最大化地提升电网的抵御能力和恢复能力，降低台风灾害引发严重故障带来的损失。为此，迫切需要系统研究台风灾害对浙江电网所产生影响的评估，并构建关键指标评价体系，以量化评估极端自然灾害的影响，评估电网的弹性水平；进而，在资源有限、故障严重、系统恢复困难的背景下，需要综合利用多种资源，如分布式电源、储能、微电网以及应急发电车等，制定浙江电网在经历极端事件后的快速恢复供电策略，以实现快速、高效的电网灾害故障恢复过程，提升浙江省电网对台风的抵御及恢复能力。

第二节　总体思路

以多元融合高弹性电网发展理念为指导，深入研究高弹性电网防台抗灾的内涵特征和功能形态，加强顶层设计，构建高弹性电网防台抗灾基础理论体系、核心评价体系和关键技术体系，形成高弹性电网防台抗灾建设目标与发展战略，勾绘未来的发展路线，推广高弹性电网防台抗灾建设与实践经验。

高弹性电网防台抗灾的专题研究（见图 1-1）从以下四个方面展开：

（1）研究形成高弹性电网防台抗灾基础理论体系，明确建设目标、内涵特征、功能形态和建设思路；

（2）研究形成高弹性电网防台抗灾核心评价体系，提出电网台风应对能力的定量评价体系，包括评价指标、评价流程和评价方法；

（3）研究形成高弹性电网防台抗灾关键技术体系，从实现综合高效、灵活可靠、深度感知、快速复电出发，提出平时预、灾前防、灾中守、灾后抢、事后评五个阶段，具体内容包括最大风险点识别、恢复力模型构建、分布式电源与微网的应用、监测预警、信息采集、决策支持等关键技术；

（4）研究形成高弹性电网防台抗灾应用实践体系，打造示范窗口，从电网规划建设、调度运行控制、设备运维管理、客户服务管理、灾害应急保障等方面在浙江省开展高弹性电网防台抗灾建设实践。

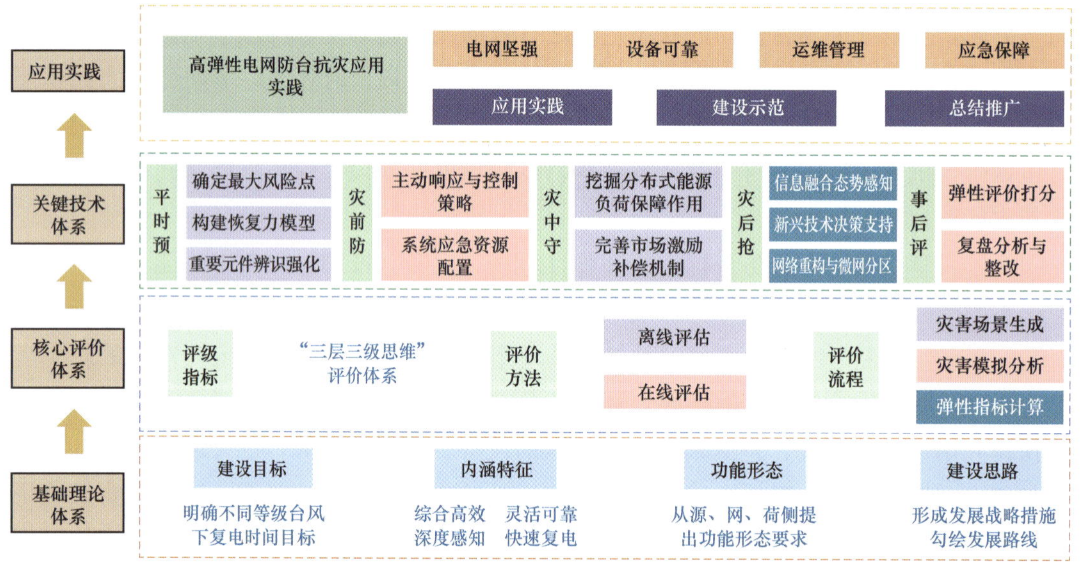

图 1-1　高弹性电网防台抗灾专题研究的总体思路

第二章　高弹性电网防台抗灾基础理论体系

第一节　国内外弹性电网基础理论研究现状

一、国内外应对极端事件的政策与研究计划

提升和保证社会关键基础设施在极端事件下的应对能力已经成为全球共识。基础设施的老化被认为是造成美国大停电的主要原因，因此，美国的投资主要用于电网的现代化建设，如根据美国能源部2009年的《美国复苏与再投资法案》，美国电网现代化建设投资总额约为95亿美元。2017年9月12日，美国能源部向能源部国家实验室提供5000万美元，用于初步研究和开发下一代工具和技术，以进一步提高国家关键能源基础设施的弹性和安全性，满足21世纪及未来的需求。美国能源部（DOE）将能源安全列为优先事项，据不完全统计，2018年至今在加强网络安全和电力基础设施恢复力领域的项目共资助2.103亿美元。2017年9月，美国国家科学基金会（NSF）17－128号文件针对哈维飓风造成的严重后果，紧急出台Dear Colleague Letter（DCL），鼓励研究人员进行与哈维飓风相关的研究提案，从而为未来的灾难性事件做好准备，以减轻灾害造成的后果。2020年，NSF 20－581号文件提出灾害恢复力研究补助金（DRRG）计划。NSF和美国商务部（DOC）国家标准与技术研究院（NIST）提出了研究建议，以推进与灾难恢复力相关的基础研究。英国政府重点关注长期的弹性规划和运行，如英国弹性电力网络（RESNET）项目致力于开发仿真工具，以分析极端天气条件下电力系统的弹性水平。欧盟在2015年成立战略性能源联盟合作框架（Strategy Framework on the Energy Union）以应对能源系统的新挑战，第七研发计划框架十大领域中有三大领域分别提到了能源、环境与气候变化、安全等重大事项。经历地震和海啸引起的大停电事故后，2013年，日本的国家弹性项目投资总额为2100亿美元，重点关注关键能源、水、交通和其他关键基础设施的整体弹性水平。

2008年中国南方冰雪灾害造成大停电事故后，国内相关机构一直关注于电力系统应对极端自然灾害的相关工作。中国南方与沿海地区常年受台风、暴雨等灾害的影响，为确保能源安全，保证重要基础设施在极端事件下持续可靠供电，必须开展高弹性电网防台抗灾相关研究，建立全面的评估体系。以智能电网技术、信息通信系统、状态监控系

统为手段，在传统的系统防灾、减灾措施的基础上，进一步提高电力系统对各类扰动事件的主动防范意识。在扰动灾害到来前，提前规划电网的弹性提升措施；在破坏无法避免时，降低灾害影响范围与影响时间，实现快速高效的系统修复。目前，国内外在相关领域已经开展了初步的实践工作。委内瑞拉大停电后，国家电网公司在中国电科院成立了非常规状态研究中心，南方电网公司在总调成立了电力安全风险管控办公室。在网省公司层面，广东电网以及广州供电局分别从主网和配网层面，开展了电网抗击台风的研究与实践；福建省、上海市等也在积极开展相关的研究和实践工作。

从现状来看，电网台风应对能力的研究与实践已经具有良好的基础，然而理论和实践相结合的完整理论技术体系尚未形成。因此，研究高弹性电网防台抗灾理论，需要在浙江电网防台抗台的丰富实践基础上，从基础理论、核心评价、关键技术和应用实践等层面，进一步凝练成果，形成完整的理论技术体系，这也是开展高弹性电网防台抗灾理论与关键技术体系研究的主旨。

二、防台抗灾基础理论的研究现状

国内外研究机构围绕台风等极端事件的特性分析及其影响机理的建模开展了较为系统深入的研究。文献［1］～［3］对电力系统弹性的概念、内涵及相关研究进展进行探讨。在传统的系统工程的规划设计阶段中，一般会考虑系统风险，并留有相应裕度，使系统在面对扰动时仍能够维持一定程度的正常运行。相比传统的运行风险，弹性（resilience）强调的是系统应对规划阶段无法预料的小概率极端事件的能力，这类事件包括日益频发的各类自然灾害和人为袭击。“弹性”形象地阐明了对电力系统提出的新要求，即不仅增强系统抵御能力，更强调在面临无法避免的破坏时，系统能有效利用各种资源灵活应对风险，适应变化的环境，维持尽可能高的运行功能，并能迅速、高效恢复系统性能。电力系统弹性可以归纳为：系统遭遇扰动事件前有能力针对其做出相应的准备与预防；系统遭遇扰动事件过程中系统有能力充分地抵御、吸收、响应与适应；系统遭遇扰动事件后有能力快速恢复到事先设定的期望正常状态。弹性电力系统应对极端事件的功能恢复过程如图 2－1 所示[1]。

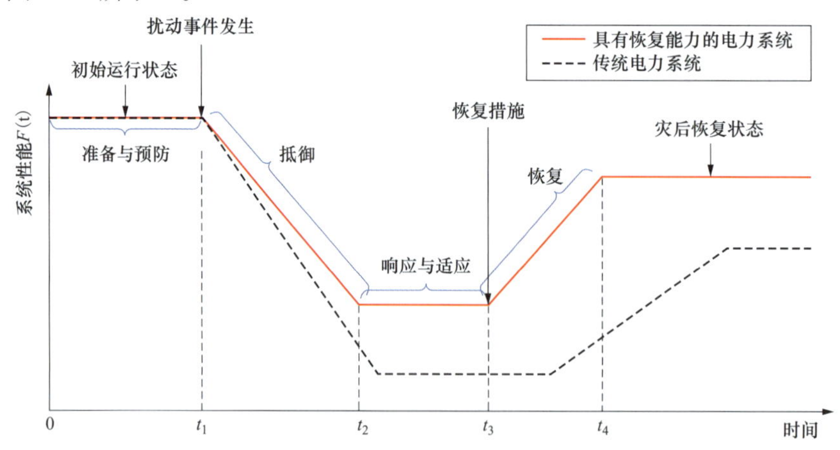

图 2－1　弹性电力系统应对极端事件的功能恢复过程

在弹性电网相关概念辨析方面，文献［4］提出电力系统感知力概念，弹性电网应具备对系统、用户、外部环境等的感知力，但缺乏对感知对象、感知数据获取方法、数据分析与处理方法的具体展开；文献［5］推进灾害模拟与评估理论研究，通过地理网格法划分配网区域，模拟灾害推进对配网元件的实时影响；文献［6］归纳总结了韧性电网的定义，即韧性电网是能够全面、快速、准确感知电网运行态势，协同电网内外部资源，对各类扰动做出主动预判与积极预备，主动防御，快速恢复重要电力负荷，并能自我学习和持续提升的电网。在此基础上，提出韧性电网6个关键特征，即应变力、防御力、恢复力、感知力、协同力和学习力。

在高弹性电网建设方面，国网浙江省电力有限公司以“三个理念”引导、路径上“多元融合”赋能、结构上“四梁八柱”支撑，系统全面推进高弹性电网的建设[7]。文献［7］总结了高弹性电网的内涵：高弹性电网以机制与技术唤醒了电网中的沉睡资源，以互联网、物联网协同这些资源要素；在面对电力供需平衡的大幅波动和电网故障时，通过各要素之间弹性的高效互动，以自组织、自趋优、自适应方式应对外部的变化，实现整个电网的资源优化配置。文献［8］提出能源互联网形态下的多元融合高弹性电网概念，分析了多元融合下海量资源唤醒、源网荷储全交互、安全效率双提升等多方面的优势。同时，将多元融合高弹性电网的重点研究方向归纳为9个方向：多元融合高弹性电网的系统级模型构建技术、高效运行控制技术、柔性直流输电技术、故障容错与恢复技术、储能技术、资源开发技术、电力市场机制优化技术、“大云物移智链”信息技术、整体规划设计技术。已有的文献未分析构建高弹性电网功能形态与建设目标，且未形成高弹性电网防台抗灾建设思路。

在台风等极端事件建模与故障机理分析方面，文献［9］总结了电力系统需要应对的极端事件的特点，这些事件可能造成多重故障，故障具有时间、空间的相关性，输配电网元件可能遭到破坏，而且维修过程比较困难；文献［10］建立了基于风速大小和风暴等级的电力设施影响模型；文献［11］在对风暴历史数据进行分析建模的基础上，提出了考虑风暴的电力系统风险评估；在极端自然灾害建模方面，研究重点是对自然灾害发生时间、发生范围、持续时间、对元件故障率等方面的不确定性的刻画，一般以历史数据为依据，利用数据拟合等方法，对未来的灾害场景进行模拟。已有研究很少考虑元件复杂故障模式，而这恰恰是电网防台抗灾建模的关键。因此，十分有必要从事件后果出发，基于影响范围和危害程度等因素，建立统一考虑各类扰动事件的分级模型，同时根据配电网元件故障的独立性和相关性，建立扰动事件下考虑各类元件复杂故障模式的恢复力模型，从而为电网防台抗灾打下坚实的基础。

第二节 建设目标与建设思路

一、建设目标

努力在浙江省开展高弹性电网防台风灾害技术理论研究及应用，实现“13级及以下台风，电网不发生 110kV 及以上变电站全停，不发生 110kV 及以上输电线路倒塔，用户 24h 恢复供电；14 级至 15 级强台风，用户 48h 恢复供电；16 级及以上超强台风，用户力争 72h 恢复供电”。

二、建设思路

贯彻落实习近平总书记“电力是重中之重、电网是生命之网”重要指示，发挥责任央企“大国重器”和“顶梁柱”作用，秉承高弹性电网“三个理念”，深入挖掘高弹性电网防台抗灾内涵与特征，确定电网防台抗台总体目标，制定评价体系，从网架结构、设备设施、运维管理、应急保障四个方面入手确定电网防台抗台重要举措，多元驱动、要素融合，推动高弹性电网防台抗灾建设。

第三节 内涵特征与功能形态

一、内涵特征

通过技术、设备、数智、组织等多元赋能，注重安全与效率双提升，构建具备高弹性特性、具有多维立体防台抗台能力的电网，实现台风灾害下用户“少停电、快复电”。高弹性电网防台抗灾特征为综合高效、灵活可靠、深度感知、快速复电。

二、功能形态

构建具备高弹性特性、具有多维立体防台抗台能力的防台抗灾电网，在满足正常状态灵活运行前提下，在台风等极端外部扰动事件发生时维持必要的功能。

（一）事故前

提升电力设备抗风等级与抵御水浸能力；针对重要节点进行重点加强，构筑供电生命线；构建环网，优化配置弹性资源。

1. 电源侧

（1）电源装机的类型、规模和布局合理，具有一定的灵活调节能力。

应根据各类电源在电力系统中的功能定位，结合一次能源供应可靠性，合理配置不同类型电源的装机规模和布局，满足电力系统电力电量平衡和安全稳定运行的需求，为系统提供必要的惯量、短路容量、有功和无功支撑。

（2）电源均应具备一次调频、快速调压、调峰能力。

电力系统应统筹建设足够的调节能力，常规电厂（火电、水电、核电等）应具备必需的调峰、调频和调压能力；新能源场站应提高频率调节能力，必要时应配置燃气电站、抽水蓄能电站、储能电站等灵活调节资源及调相机、静止同步补偿器、静止无功补偿器等动态无功调节设备。电源及动态无功功率调节设备的参数选择必须与电力系统相协调，保证其性能满足电力系统稳定运行的要求。

（3）电力系统应具备基本的惯量和短路容量支持能力，在新能源并网发电占比较高的地区，新能源场站应提供必要惯量与短路容量支撑。

（4）电力系统需要达到要求的最小常规机组开机量，如果系统不能达到所要求的比例，需要配置大量的储能装置来平衡新能源系统的波动性。

（5）新能源场站应具备无功功率调节能力和自动电压控制功能，并保持其运行的稳定性。

（6）新能源场站以及分布式电源的电压和频率耐受能力原则上与同步发电机组的电压和频率耐受能力一致。

（7）系统中新能源比例需满足频率稳定约束。

（8）提高新能源的预测精度要求，风电场的有功变化应控制在系统能接受的范围。

2. 电网测。

（1）坚强灵活的电网结构。

梳理网架薄弱环节，对重要节点进行重点加强，差异化提高设备抗风与抗水浸建设标准；网架具备灵活转供能力。

（2）合理安排运行方式，保证足够的安全裕度。

直流输电的容量应与送受端系统的容量匹配，并联交流通道应能够承担直流闭锁后的转移功率，系统不发生频率失稳。

（3）新能源接入系统后仍有足够的短路容量支撑。

送受端系统的直流短路比、多馈入直流短路比，以及新能源场站应达到合理的水平。

（4）直流线路能够交流化运行，保证系统区域间的裕度调节能力。

3. 负荷及储能侧

（1）提升分布式电源和负荷侧自动化水平，实现态势感知与主动响应。

（2）构建自愈功能的智能配电网。

（3）增加可中断负荷，提供频率响应负荷的比例，提升系统灵活调控能力与频率稳定性。

（4）储能配置在“生命线”通道的关键站点。

（5）建立有效的市场激励机制，引导负荷侧弹性资源的优化配置。

（二）事故中

系统具有更好的响应能力；提升故障研判水平；应急能源具备孤岛运行能力。

1. 电源侧

（1）新能源机组要有一定的故障穿越能力、设置合理的高周切机容量。

（2）风电场应具备事故紧急响应能力和适当的惯量响应能力。

（3）系统高频情况下，停机状态的电源应避免并网。

2. 电网侧

（1）三道防线整定值应合理，保障重要地区、重要负荷不停电。

故障发生后，电网侧安控装置应能快速、准确隔离故障，避免事故范围扩大。电力系统应考虑可能发生的最严重故障情况，并配合解列点的设置，合理安排自动低频减负荷的顺序和所切负荷值。当整个系统或解列后的局部出现功率缺额时，能有计划按照频率下降情况自动减去足够数量的负荷，以保证重要用户的不间断供电。

（2）直流输电应具有紧急功率调节及频率调制能力。

（3）配网分布式故障诊断装置及视频监测装置远传故障研判信息，提升系统态势感知能力。

3. 负荷及储能侧

（1）配置适当的精准切负荷措施。在负荷集中地区，应考虑当运行电压降低时，自动或手动切除部分负荷，或有计划解列，以防止发生电压崩溃。

（2）分布式电源要有一定的故障穿越能力，避免无序脱网。

（3）储能可作为应急电源与重要负荷运行在孤岛状态。

（4）建立用户参与应对极端事件的激励补偿机制。

（三）事故后

系统具备快速分区黑启动能力；配电侧具备自愈恢复能力。

1. 电源侧

新能源机组、分布式电源、微网均可以作为灵活机动的黑启动电源。

2. 电网侧

（1）根据能源构成，并结合电网结构合理划分区域，各区域至少安排1～2台具备黑启动能力的机组，确保机组容量和分布合理，电网能够快速恢复确保生命线工程的安全。

（2）构建具备自愈功能的智能配电网，配电网具备遥控操作的灵活转供能力。

3. 负荷及储能侧

（1）重要负荷应具有自备电源。

（2）配电网具备一定数量的中低压发电车、应急移动储能装置提升负荷恢复能力。

第三章　高弹性电网防台抗灾核心评价体系

第一节　国内外弹性电网评估方法与评价指标研究现状

一、评估方法的研究现状

作为电力系统弹性评估理论研究的重要组成部分，评估方法的研究吸引了诸多专家学者的关注。准确合理的弹性评估方法，可以帮助决策人员量化面对可能发生的灾害时电力系统维持电力供应的能力；可用于指导电力系统防灾减灾规划、灾前薄弱环节有效辨识与加固、灾中电力系统实时防御与适应，以及灾后系统的快速恢复工作。文献［12］将电力系统应对灾害事件分为三个阶段，即承受灾害时系统功能下降过程、灾害发生后到恢复开始前系统维持较低水平运行的过程、恢复工作开始后系统功能上升过程，通过电力系统功能的梯形曲线构造出指标并量化弹性。文献［13］将电力系统弹性评估的流程归纳为4个步骤，首先进行灾害的建模，对灾害的强度、路径、持续时间等进行刻画；随后建立电力系统元件的脆弱性曲线，确定元件在灾害下的受损程度；接下来刻画电力系统对灾害的响应与适应过程；最后建立系统灾后恢复模型，完成对弹性评估指标的计算。

二、评价指标的研究现状

合理构建评估指标体系能够有效评价电力系统抵御各类灾害的能力、指导电网的防灾规划与运行调度工作。在电网防台抗灾指标体系方面，围绕鲁棒性与快速恢复性，文献［14］、文献［15］将恢复力指标定为扰动后 t 时刻系统性能恢复的部分与系统初始时因故障损失部分的比例；文献［16］提出恢复力指标为系统恢复速度；文献［17］提出最大可接受修复时间、最小可接受功能损失等指标，用以衡量系统恢复力；文献［18］用一年内系统在冲击事件中能维持系统功能的平均比例来评估恢复力；文献［19］、文献［20］的研究表明，电力系统的风险指标分布具有很高的右偏度，大量的零值位于均值左侧，基于均值的指标使得小概率—高损失事件被大概率—低损失事件所掩盖。电力系统规划、运行、决策人员除了关心系统的平均恢复力水平之外，更关心整个系统在小概率—高损失事件下的实际恢复力。因此，亟须建立能够真实反映电网防台抗灾水平的多层次评价指标体系。

虽然目前国外学者对于电网弹性评估方法已有一定研究，但在台风等极端天气对电网的影响方面，考虑的因素仍然较为简单。由于台风发生的时间、地点、强度等都具有不确定性，元件的故障（故障率、故障时刻等）也具有不确定性，在较多不确定性的条件下，准确建立极端天气对于元件影响的时空特性，是需要解决的难题。此外，目前的弹性指标评价尚未形成统一方法，为了实现对电力系统弹性水平的全面评估，需要充分结合系统发生严重故障后的多阶段过程，建立相应的指标体系。

第二节 评价指标体系

防台抗灾工作当务之急是建立科学评价体系，理顺层级，量化评价，客观反映电网防台抗台短板，指导后续电网规划与建设。评价体系需统筹以下需求：一是明确评价对象，结合当前电网管理现状，梳理地市、县区、网格三个层级，确保纵向贯穿、高效落地；二是建立防台抗台标准，因经济发展水平和地理位置差异，不同区域电网对抗台需求有所不同，应建立三级防台标准，避免“一刀切”；三是树立科学理念，避免仅通过网架加强、设计标准提高等单一手段提升防台水平，引导多维度统筹、协同发力，注重效率效益双提升。根据实际需求，本书创新性地提出“三层三级四维”评价体系，即面向三层评价对象、确立三级防台标准、构建四维评价指数。

一、“三层三级四维”评价体系

高弹性电网防台抗灾“三层三级四维”评价体系如图 3-1 所示。

三层评价对象：地市、县区、网格。

三级防台标准：重点防台、次要防台、一般防台。依据供电区域划分、50 年一遇基准风速风区、历史受灾概率等因素量化加权确定。

四维评价指数：电网坚强指数、设备可靠指数、运维管理指数、应急保障指数。其共包含 14 项二级指标和 47 项三级指标。

二、评价指标计算

（一）差异化方法

本体系的评价对象分为三层，分别为地市、县区、网格。通过三层一体联动，实现评价指标在各个层面落地应用。

同时，根据供电区域划分、50 年一遇基准风速风区、历史受灾概率（分别占比 10%、80%、10%）加权评分，定义重点、次要、一般三级防台标准。

具体方法如下：根据表 3-1 细则，加权所得分值大于或等于 80 为重点防台标准，大于或等于 60 并小于 80 为次要防台标准，小于 60 为一般防台标准。

（二）评价细则

评价细则遵循百分制和分级制。一是百分制，评价总分由电网坚强、设备可靠、运维管理、应急保障四个维度指数加权所得，分别占 20、30、30、20 分；二是分级制，评价对象按照四维指数评价得分后，总分按照重点、次要、一般三级防台标准，判断是否已达到防台抗灾要求。

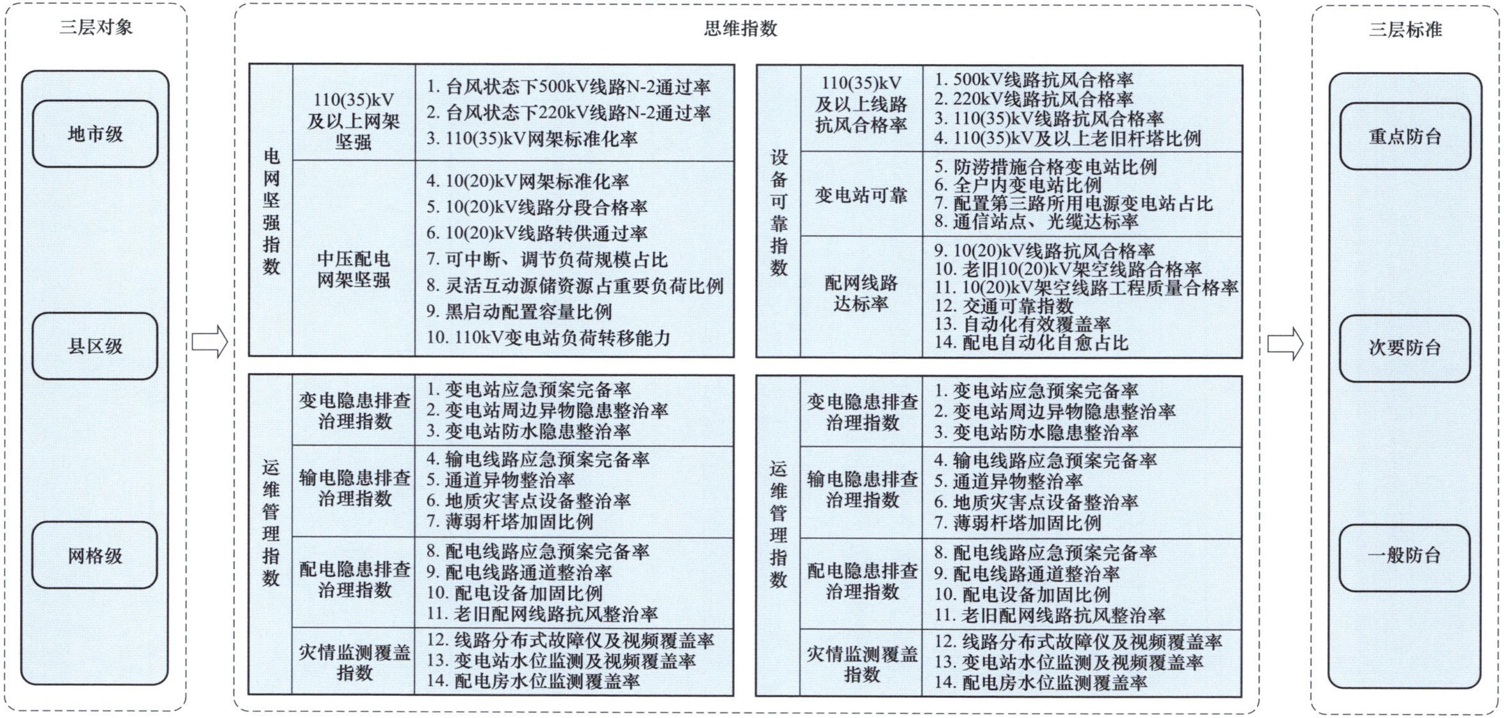

三层对象

- 地市级
- 县区级
- 网格级

⇨

思维指数

指数	分项	指标
电网坚强指数	110(35)kV及以上网架坚强	1. 台风状态下500kV线路N-2通过率 2. 台风状态下220kV线路N-2通过率 3. 110(35)kV网架标准化率
	中压配电网架坚强	4. 10(20)kV网架标准化率 5. 10(20)kV线路分段合格率 6. 10(20)kV线路转供通过率 7. 可中断、调节负荷规模占比 8. 灵活互动源储资源占重要负荷比例 9. 黑启动配置容量比例 10. 110kV变电站负荷转移能力

指数	分项	指标
设备可靠指数	110(35)kV及以上线路抗风合格率	1. 500kV线路抗风合格率 2. 220kV线路抗风合格率 3. 110(35)kV线路抗风合格率 4. 110(35)kV及以上老旧杆塔比例
	变电站可靠	5. 防涝措施合格变电站比例 6. 全户内变电站比例 7. 配置第三路所用电源变电站占比 8. 通信站点、光缆达标率
	配网线路达标率	9. 10(20)kV线路抗风合格率 10. 老旧10(20)kV架空线路合格率 11. 10(20)kV架空线路工程质量合格率 12. 交通可靠指数 13. 自动化有效覆盖率 14. 配电自动化自愈占比

指数	分项	指标
运维管理指数	变电隐患排查治理指数	1. 变电站应急预案完备率 2. 变电站周边异物隐患整治率 3. 变电站防水隐患整治率
	输电隐患排查治理指数	4. 输电线路应急预案完备率 5. 通道异物整治率 6. 地质灾害点设备整治率 7. 薄弱杆塔加固比例
	配电隐患排查治理指数	8. 配电线路应急预案完备率 9. 配电线路通道整治率 10. 配电设备加固比例 11. 老旧配网线路抗风整治率
	灾情监测覆盖指数	12. 线路分布式故障仪及视频覆盖率 13. 变电站水位监测及视频覆盖率 14. 配电房水位监测覆盖率

指数	分项	指标
运维管理指数	变电隐患排查治理指数	1. 变电站应急预案完备率 2. 变电站周边异物隐患整治率 3. 变电站防水隐患整治率
	输电隐患排查治理指数	4. 输电线路应急预案完备率 5. 通道异物整治率 6. 地质灾害点设备整治率 7. 薄弱杆塔加固比例
	配电隐患排查治理指数	8. 配电线路应急预案完备率 9. 配电线路通道整治率 10. 配电设备加固比例 11. 老旧配网线路抗风整治率
	灾情监测覆盖指数	12. 线路分布式故障仪及视频覆盖率 13. 变电站水位监测及视频覆盖率 14. 配电房水位监测覆盖率

⇨

三层标准

- 重点防台
- 次要防台
- 一般防台

图 3－1　高弹性电网防台抗灾“三层三级四维”评价体系

（三）执行步骤

先确定评价对象（地市、县区或网格三层），再套用四维指数计算加权得分，然后根据防台标准（重点、次要或一般防台三级），对照表 3-1 确定当前电网防台抗灾水平。

表 3-1　高弹性电网防台抗灾建设标准判定

三级标准	全面达到	基本达到	尚未达到
重点防台区	$S \geqslant 90$	$80 \leqslant S < 90$	$S < 80$
次要防台区	$S \geqslant 80$	$70 \leqslant S < 80$	$S < 70$
一般防台区	$S \geqslant 70$	$60 \leqslant S < 70$	$S < 60$

注　S 代表评价总分。具体标准尚需各相关部门参与、统筹完善。

对于全面达到高弹性电网防台抗灾建设要求标准的评价对象，应保持优势、适当提升；对于基本达到标准的评价对象，应多维分析、针对补强；对于尚未达到标准的评价对象，应重点攻坚、全力打造。

根据上述评价结果，进一步可构建全景式防台抗灾能力评价图，直观反映电网现状防台抗灾建设薄弱环节，针对性、差异化地指导电网防台抗灾能力建设，推动“三个理念”在浙江高弹性电网防台风建设过程中全面落地，实现安全效率双提升。

三级防台标准确定细则如表 3-2 所示。

表 3-2　三级防台标准确定细则

指标名称	指标定义和计算方法	总分	确定细则
供电区域划分	根据《配电网规划设计导则》划分为 A+、A、B、C、D、E	10	供电等级为 A+、A 为 10、B 为 8、C 为 6 分、D 为 4、E 及以下为 2
50 年一遇基准风速风区	根据《浙江电网风区分布图》（50 年一遇）	80	37m/s 及以上 80 分； 27m/s～37m/s70 分； 27m/s 及以下 60 分
历史受灾概率	历史受灾概率＝该区域历史受灾次数/浙江历史受灾次数	10	按权重计算得分

评价体系细分为电网坚强、设备可靠、运维管理、应急保障四维指数，并由此细化为 14 项二级指标和 47 项三级指标。

（四）指标释义及计算

具体评价指标见表 3-3～表 3-6。

表 3-3　电网坚强指数

类别	指标类型	指标名称	指标释义	计算方法	指标分值
电网坚强指数（20 分）	110（35）kV 及以上网架坚强（6 分）	台风状态下 500kV 线路 N－2 通过率	台风状态下，N－2 情况 500kV 线路全转当时工况负荷的能力	满足条件即给 2 分，不满足 0 分	2
		台风状态下 220kV 线路 N－2 通过率	台风状态下，N－2 情况 220kV 线路全转当时工况负荷的能力	满足条件即给 2 分，不满足 0 分	2

续表

类别	指标类型	指标名称	指标释义	计算方法	指标分值
电网坚强指数（20分）	110（35）kV及以上网架坚强（6分）	110（35）kV网架标准化率	110（35）kV非单线单站接线占比	110（35）kV网架标准化率＝110（35）kV非单线单站接线变电站的线路数量/110（35）变电站的110（35）线路数量	2
	中压配网网架坚强（14分）	10（20）kV网架标准化率	10（20）kV标准接线占比	10（20）kV网架标准化率＝10（20）kV标准网架线路数量/10kV线路数量	3
		10（20）kV线路分段合理率	根据导则要求中压3－5段为合理分段，合理分段线路占比	10（20）kV线路分段合理率＝10（20）kV合理分段线路数量/10（20）kV线路数量	3
		10（20）kV线路转供通过率	综合分析中压线路转供能力，考虑通过多源融合高弹性手段辅助	中压线路转供通过率＝（常规能通过N－1校验线路＋通过引入电源分流后能通过N－1校验线路＋通过负荷响应能通过N－1线路）/总线路数	3
		110kV变电站负荷转移能力	110kV变电站负荷下级转供能力分析	110kV电网转供能力＝110kV变电站负荷下级转供能力/110kV变电站最大负荷	2
		可中断、调节负荷规模占比	衡量故障时，由于转供能力不足或需要发电车等手段恢复供电的负荷，通过负荷响应降低供电需求的能力	可中断负荷规模占比（秒级）＝接入的秒级可中断负荷功率/（全社会最大负荷×3%）	1
		灵活互动源储资源占重要负荷比例	区域上级电网出现重大故障时，通过本地可靠电源对重要用户恢复供电	灵活互动源储资源占重要负荷比例＝评估区域接入110kV及以下电网的可靠电源总容量/评估区域台风条件下重要用户总负荷×100%	1
		黑启动配置容量比例	在区域配电网因台风、内涝引起的故障停运进入全黑状态后，无需等待大电网送电，仅依靠自身配置的黑启动电源，带动区域配电网，继而逐步扩大供电范围。黑启动电源的配置从侧面为运维抢修赢得了时间，降低了抢修难度。本指标通过配网黑启动电源配置情况，来评价区域电网的运维抢修能力	黑启动配置容量比例＝评估区域接入110kV及以下电网的可靠电源总容量/（台风条件下全社会最大负荷×2%）	1

表 3-4　　设备可靠指数

类别	指标类型	指标名称	指标释义	指标定义和计算方法	指标分值
设备可靠指数（30分）	110（35）kV及以上线路抗风合格率（8分）	500kV线路抗风合格率	根据省公司发布的《浙江电网风区》（50年一遇）要求，本指标通过满足现行设计要求的500kV铁塔数量占比来反映电网抗击台风的水平	500kV线路抗风合格率＝评估对象范围内500kV变电站满足现行防台设计标准的500kV线路数量/评估对象范围内500kV变电站的500kV线路数量	2
		220kV线路抗风合格率	根据省公司发布的《浙江电网风区》（50年一遇）要求，以满足现行设计要求的220kV铁塔数量占比来反映电力系统抗击台风的水平	220kV线路抗风合格率＝评估对象范围内220kV变电站满足现行防台设计标准的220kV线路数量/评估对象范围内220kV变电站的220kV线路数量	2
		110（35）kV线路抗风合规率	110（35）kV线路设计标准满足该区域风区要求比例	110kV线路抗风合格率＝满足防台设计标准110kV线路数量/110kV线路数量	2
		35kV及以上老旧杆塔比例	运行年限超过30年的35kV及以上杆塔、7727/7725两种塔型	老旧杆塔比例＝含有35kV及以上老旧杆塔的线路数量/线路数量	2
	变电站可靠指数（8分）	防涝措施合格变电站比例（220kV、110kV、35kV）	变电站设计标准满足现状本地30年一遇洪水位和安装主排水装置的变电站比例	防涝措施合格变电站比例＝防涝措施合格变电站数量/变电站数量	2
		全户内变电站比例	全户内变电站比例	全户内变电站比例＝全户内变电站数量/变电站数量	2
		配置第三路所用变电源变电站占比	变电站站外不同源的所用变电源	配置第三路所用变电源变电站占比＝配置第三路所用变电源变电站数量/变电站总数	2
		通信站点、光缆达标率	沿海50km以内，110kV及以上通信站点，直流电源负荷放电时间不小于8h；沿海50km以内，110kV及以上通信站点，光缆线路应采用加固补强措施或新建改造路由等方式，确保有1条及以上可靠路由（可靠路由为全程OPGW光缆或管道光缆组织的路由）接入地市骨干传输网	通信站点、光缆达标率＝（通信直流电源负荷放电时间合格站点数量/110kV以上通信站点数量×0.5＋满足可靠光缆覆盖的站点数量/110kV及以上站点数量×0.5）×2	2
	配网线路达标率（14分）	10（20）kV线路抗风合格率	10（20）kV线路设计标准满足现行所处风区线路数量比例	10（20）kV线路抗风合规率＝满足防台设计标准10（20）kV线路数量/10（20）kV线路数量	4
		老旧10(20)kV架空线路合规率	运行年限超过15年架空线路比例	老旧10（20）kV杆塔比例＝1－[运行年限超过15年10（20）kV架空线路数量/10（20）kV架空线路数量]	2

续表

类别	指标类型	指标名称	指标释义	指标定义和计算方法	指标分值
设备可靠指数（30分）	配网线路达标率（14分）	10（20）kV架空线路工程质量合格率	对10（20）kV架空线路设计、施工、监理、验收环节的质量进行评价，各环节满分为1分（原则上由市公司层面通过抽检进行评价，如无，则进行属地自评）	10（20）kV架空线路工程质量合格率=设计评价×0.25+施工评价×0.25+监理评价×0.25+验收评价×0.25	2
		自动化有效覆盖率	根据现行标准的自动化有效覆盖	自动化有效覆盖率=自动化有效覆盖线路/线路总数	2
		配电自动化自愈占比	衡量配网自愈功能实现程度	配电自动化自愈占比=“三遥”有效覆盖线路中馈线自动化功能投入线路数量/“三遥”有效覆盖线路数	2
		交通可靠指数	山区网格道路通达情况，中压线路平均人力运距	山区网格：有两条以上通向网格的汽运道路，且平均人力运距小于100m，取2分，任意一项条件不满足扣1分；平地网格：平均人力运距小于100m得2分，100～200m之间得1分，大于200m得0分	2

表3-5　运维管理指数

类别	指标类型	指标名称	指标释义	指标定义和计算方法	指标分值
运维管理指数（30分）	变电隐患排查治理指数（7分）	变电站应急预案完备率	网格对应上级变电站应急预案覆盖以及更新情况（对应组织体系，应急措施等内容是否及时更新）	应急预案完备率=变电实际配置应急预案种类/变电应配置应急预案种类（参照国网防汛检查大纲）	1
		变电站周边异物隐患整治率	网格内配网线路对应的上级变电站周边异物隐患的发现和治理比例，因隐患排查不到位，导致故障出现，一票否决，0分	变电站周边异物隐患整治率=1－（220kV存在周边隐患变电站数量/220kV变电站数量总数×60%+110kV及以下存在周边隐患变电站数量/变电站数量总数×40%）（数字越小整治率越高，0代表全部整治；如无隐患即为满分）	3
		变电站防水隐患整治率	对网格内配网线路对应的有内涝、水淹隐患的上级变电站的整治比例因隐患排查不到位，导致故障出现，一票否决，0分	变电站防水隐患整治率=220kV已完成内涝、水淹隐患整治变电站数量/220kV已排查隐患变电站总数×60%+110kV及以下已完成内涝、水淹隐患整治变电站数量/110kV已排查隐患变电站总数×40%（如无隐患即为满分）	3

续表

类别	指标类型	指标名称	指标释义	指标定义和计算方法	指标分值
运维管理指数（30分）	输电隐患排查治理指数（7分）	输电线路应急预案完备率	网格内对应的上级输电线路应急预案覆盖以及更新情况（对应组织体系，应急措施等内容是否及时更新）	应急预案完备率＝输电实际配置应急预案种类/输电应配置应急预案种类（参照国网防汛检查大纲）	1
		通道异物整治率	网格内对应的上级输电线路通道周边易受台风影响威胁线路安全的隐患整治完成比例。因隐患排查不到位，导致故障出现，一票否决，0分	通道异物整治率＝异物隐患整治完成数量/异物隐患总数量×100%（如无隐患即为满分）	2
		地质灾害点设备整治率	位于崩塌、滑坡、泥石流、洪涝灾害等地质灾害影响范围内的杆塔对相关灾害预防整治完成情况，因隐患排查不到位，导致故障出现，一票否决，0分	地质灾害设备整治率＝地质灾害隐患整治完成的杆塔数量/地质灾害隐患区杆塔总数量（如无隐患即为满分）	2
		薄弱杆塔加固比例	网格内对应的上级输电线路杆塔结构强度不满足风区要求的杆塔改造或加固完成率，因隐患排查不到位，导致故障出现，一票否决，0分	薄弱杆塔加固比率＝已完成改造或加固的薄弱杆塔数量/薄弱杆塔总数量×100%（如无隐患即为满分）	2
	配电隐患排查治理指数（10分）	配电线路应急预案完备率	应急预案覆盖以及更新情况（对应组织体系，配网抢修应急措施等内容是否及时更新）	应急预案完备率＝供电所实际配置应急预案种类/供电所应配置应急预案种类（参照国网防汛检查大纲）	1
		配电线路通道整治率	对易受灾区域配电线路的通道整治比例，因隐患排查不到位，导致故障出现，一票否决，0分	配电线路通道整治率＝完成通道整治的配电线路数量/已排查的易受灾害区域配电线路总数（如无隐患即为满分）	3
		配电设备加固比例	对导线绑扎不到位、台架安装不到位、拉线装设不到位的设备加固比例，因隐患排查不到位，导致故障出现，一票否决，0分	配电设备加固比例＝完成加固配电设备数量/已排查的隐患设备总数量（如无隐患即为满分）	3
		老旧配网线路抗风整治率	对老旧配网线路抗风能力的整治比例，因隐患排查不到位，导致故障出现，一票否决，0分	老旧配网线路抗风整治率＝完成抗风整治的老旧配网线路数量/已排查的老旧配电线路总数（如无隐患即为满分）	3
	灾情监测覆盖指数（6分）	线路分布式故障仪及视频覆盖率	具备灾情监测、故障诊断能力的线路占全部线路总数比例	线路分布式故障仪及视频覆盖率＝安装分布式故障诊断装置的线路条数/线路总条数×50%＋视频监测装置安装塔基数量/杆塔总数量×50%	2

续表

类别	指标类型	指标名称	指标释义	指标定义和计算方法	指标分值
运维管理指数（30分）	灾情监测覆盖指数（6分）	变电站水位监测及视频覆盖率	网格对应的上级变电站具备水位监测、视频监测的变电站占变电站总数的比例	变电站水位监测及视频覆盖率＝（220kV安装水位监测的易内涝变电站数量/220kV易内涝变电站总数量×60%＋110kV及以下安装水位监测的易内涝变电站数量/110kV易内涝变电站总数量×40%）×50%＋视频监测装置安装数量/变电站总数量×50%	2
		地下、低洼配电房水位监测覆盖率	网格内具备水位监测的地下、低洼配电房占对易受内涝影响的配电房的比例	地下、低洼配电房水位监测覆盖率＝完成水位监测装置安装的配电房数量/易受内涝影响的地下、低洼配电房总数量（如无隐患即为满分）	2

表 3-6　　应急保障指数

类别	指标类型	指标名称	指标释义	指标定义和计算方法	指标分值
应急保障指数（20分）	应急体系（2分）	演练覆盖率	对各层级、专业应急预案演练覆盖的比例（应急预案包含易形成孤岛区域提前进驻人员和设备）	应急预案演练覆盖率＝实际应急预案演练种类/已配置应急预案种类	2
	人员保障（6分）	抢修人员充足率	根据配网规模，具备工作负责人条件的配置比例（主业、实业的抢修人员总和）	配网抢修人员充足率＝供电所抗台期间抢修人员总和/故障线路数量（模拟利奇马台风） （1）＞6人得满分； （2）3～6人得满分的60%； （3）＜3不得分	2
			根据变电站规模，具备工作负责人条件的配置比例（主业、实业的抢修人员总和）	变电抢修人员充足率＝变电抢修人员总和/变电站数量 （1）＞1人/变电站得满分； （2）0.5～1人/变电站得满分的60%； （3）＜0.5人/变电站不得分	1
			根据输电线路规模，具备工作负责人条件的配置比例（主业、实业的抢修人员总和）	输电抢修人员充足率＝输电抢修人员总和/故障线路数量（模拟利奇马台风） （1）＞8人得满分； （2）4～8人得满分的60%； （3）＜4人不得分	1
		重要变电站人员值守率	对认定为重要的变电站（枢纽变电站、重要用户变电站、台风登陆区域变电站、易遭受水害变电站）安排人员值守	重要变电站人员值守率＝抗台期间有人员值守的重要变电站数量/重要变电站数量	2

续表

类别	指标类型	指标名称	指标释义	指标定义和计算方法	指标分值
应急保障指数（20分）	物资保障（4分）	物资配备率	按照统一物资配置标准，核查对物资的配备比例	物资配置率=供电所已配备的装备种类/供电所标准装备配置种类（电缆、变压器、环网柜、电杆、开关、架空导线）	2
		装备配置率	按照统一装备配置标准，核查对装备的配备比例	装备配置率=供电所已配备的装备种类/供电所标准装备配置种类（越野车、卫星电话、发电机、对讲机、大型照明设备、无人机、油锯/高枝锯、排水泵）	2
	安全保障（3分）	安全监督到位率	开展抢修工作时必须有专人监护，必要时增设专责监护人	安全监督到位率=开展抢修工作的安全监督人员到位数量/抢修工作票数量	2
		不发生人身伤亡事故	应急保障过程中不发生人身伤亡事件	不发生人身伤亡事故得1分，发生得0分	1
	恢复速度（5分）	灾情普查全覆盖时长达标率	衡量台风灾害后，灾情普查的能力，直接影响电网恢复时间，以台风离境开始计算时间（评价周期近五年）	灾情普查全覆盖时长达标率=灾情普查时间小于12h次数/台风受灾次数	1
		抢修恢复时长达标率	衡量台风灾害后，电网抢修能力，以台风离境开始计算时间，仅计算13级及以下台风（评价周期近五年）	灾情抢修恢复时长达标率=灾后抢修时间小于24h的次数/台风受灾的次数	2
			衡量台风灾害后，电网抢修能力，以台风离境开始计算时间，仅计算14级及15级台风（评价周期近五年）	灾情抢修恢复时长达标率=灾后抢修时间小于48h的次数/台风受灾的次数	1
			衡量台风灾害后，电网抢修能力，以台风离境开始计算时间，仅计算16级及以上台风（评价周期近五年）	灾情抢修恢复时长达标率=灾后抢修时间小于72h的次数/台风受灾的次数	1

第三节 评估方法与流程

一、评估方法

针对所提的弹性评价指标体系，根据应用场景的不同可分为两种评估模式，即离线评估和在线评估，如图3-2所示。离线评估应用于评估系统综合弹性，反映系统的一项固有属性，综合考虑未来可能发生的灾害场景，计算弹性指标的统计期望值，为应对极端事件的系统规划提供依据；在线评估应用于风险评估与预警，反映系统实时状态及系统对外部极端环境的响应情况，考虑系统当前遭遇的灾害场景，为遭遇极端事件时的系统运行提供支撑。

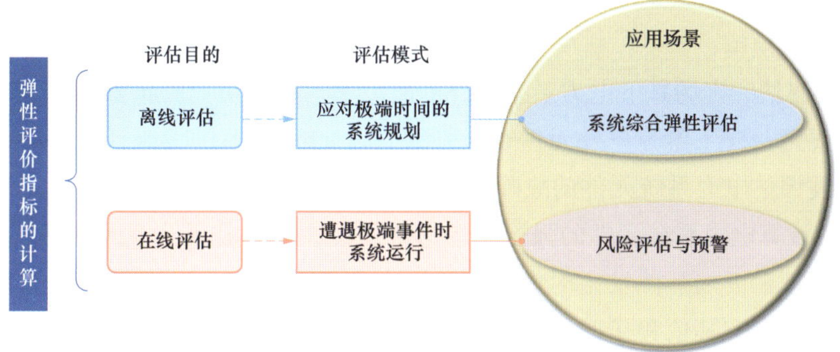

图 3-2 高弹性电网防台抗灾评价指标的两种评估模式

二、评估流程

台风灾害下电力系统弹性的评估流程主要包括灾害场景生成、灾害模拟分析和弹性指标计算三大部分，如图 3-3 所示。

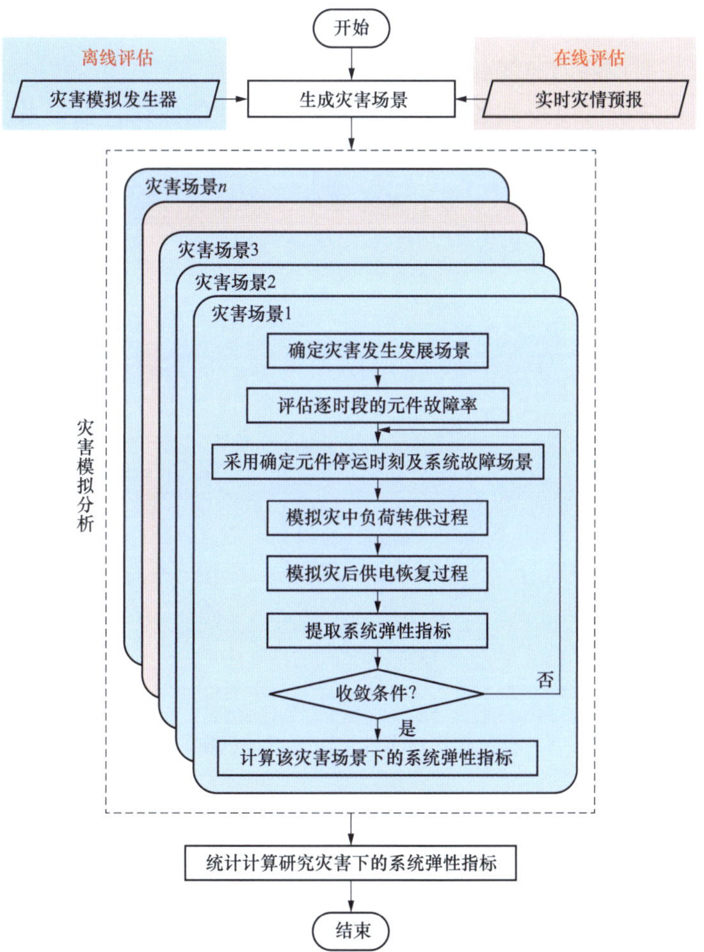

图 3-3 高弹性电网防台抗灾弹性评估流程

极端事件对电力系统的影响包括灾中阶段和灾后阶段，需考虑元件故障停运、负荷转供、抢修复电等环节。对于灾害模拟分析中的每一个灾害场景，均按照以下几个步骤对灾害场景进行模拟：

Step 1：评估灾害场景下电力系统元件的故障率。根据历史灾损数据和实验结果对电力系统架空线路、变压器等户外元件在极端事件下的故障率进行统计分析，根据分析场景的灾变强度评估电力系统元件的故障率。

Step 2：计算电力系统元件的强迫停运率曲线，采样确定元件停运时刻，生成电力系统的故障场景。在极端事件发生时电力系统元件可认为是不可修复元件，可根据不可修复元件的故障率确定其依赖于时间的强迫停运率曲线，其为一分段的指数函数，根据元件的强迫停运率曲线采样确定元件的随机停运时刻。

Step 3：灾中负荷转供模拟。当电力系统中存在故障元件时，利用最小切负荷模型模拟灾中负荷转供过程，计算电力系统的负荷保有量，生成图 3－4 所示的系统性能曲线中 $t_1 \sim t_3$ 时段内的曲线。

Step 4：灾后供电恢复模拟。灾害结束后对抢修调度过程进行模拟，利用元件修复和负荷恢复协同优化的方法，计算电力系统负荷恢复供电的时间，生成图 3－4 所示的系统性能曲线中 $t_3 \sim t_4$ 时段内的曲线。

通过灾害模拟分析可以得到各灾害场景下的系统性能曲线，根据系统性能曲线可以计算极端事件下电力系统的弹性指标。通过性能曲线可以直观反映出三项核心指标，即失负荷量、恢复时间、损失电量。对于离线评估，还需要计算各类指标在所有灾害场景下的统计期望值作为弹性评价指标。

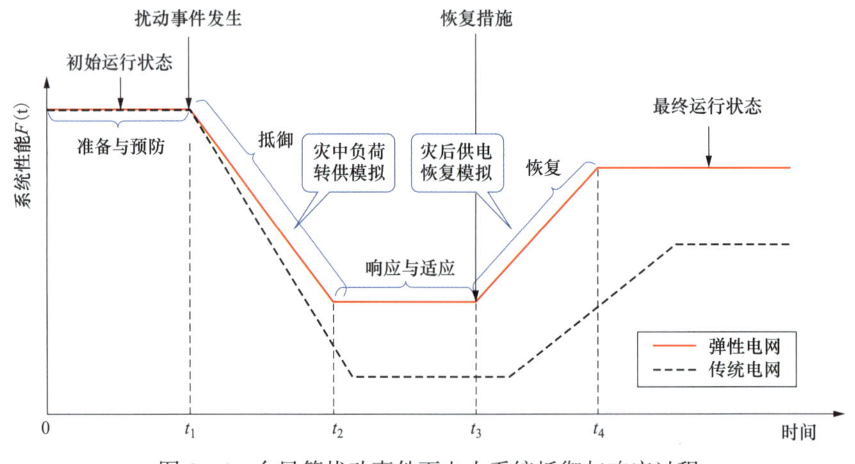

图 3－4　台风等扰动事件下电力系统抵御与响应过程

第四节　评价体系价值应用

（一）规划投资、精准管控

指导“十四五”电网发展规划，确保投资向电网的“生命线”“生命站”项目倾斜，同时根据高弹性电网防台抗灾建设总体布局，提前构建差异化的目标网架，将规划的站址廊道方案纳入地方政府的各级规划，确保台风易发区域的电网项目落得下、送得出、建得快。

（二）电网建设、抗风达标

指导电网项目的差异化设计原则建立，针对性提出电网项目防风防涝建设标准，提升电网抵御台风自然灾害的新技术、新材料的应用，确保高弹性电网防台抗灾项目的精准落地。

（三）运维检修、差异补强

指导台风前的设备状态巡检频率，指导台风过程中的特巡范围，指导台风自然灾害下应急抢修的技术方案和先后次序，确保重要负荷先送电。

（四）安全应急、快捷支撑

指导在大规模电网受损，尤其是配电抢修恢复时的工作响应机制、工作流程机制、对口支援帮扶机制等，提升防台救灾的“靶向性”。

（五）物资保障、有序响应

精准预判不同程度台风自然灾害条件下的物资储备，根据区域电网的重要程度储备好物资存量，并根据不同区域的电网自愈能力，构建灾害条件下的物资响应机制。

（六）调度控制、弹性自愈

辅助台风灾害下的特殊调度运行方式的决策，确保电网发、用电平衡。根据电网的网架结构、设备状态，在台风灾害发生时，精准调配现有的电网资源，实现各级电网的有效联动，保障重要负荷的可靠供电。

（七）市场服务、前端保障

依托电网的坚强指数、自愈指数等量化结果，指导灵活市场机制的建立，提升电网项目的投资收益率，探索建立起供给侧的补偿机制，同时根据负荷报装分类，指导电网在台风自然灾害下的负荷切割，确保重要负荷不失电。

（八）数据通信、高效决策

精准预判电网在台风状态下的薄弱环节，充分利用数据量化信通在极端自然灾害条件下的权重系数，针对性地投入数字物联技术应用，整合设备、营销、调控、物资等专业信息系统，实时展示灾害情况、电网 GIS 信息、停电信息、应急资源、现场视频等信息，为抢修指挥决策提供了支持。

第四章　高弹性电网防台抗灾关键技术体系

第一节　国内外弹性电网关键技术研究现状

一、电力系统薄弱环节辨识关键技术研究现状

提升电力系统防台抗灾能力，需要在规划阶段建立扰动事件下考虑各类元件复杂故障模式的恢复力模型，提出有效、全面的电力系统恢复力评估理论和方法，辨识系统在扰动事件下的薄弱环节，从而提出更具针对性的改善和提升措施，保证电网的安全、经济运行。

从电力系统网络拓扑结构角度看，电力系统是一个复杂网络，文献［21］给出了复杂网络通过网络拓扑结构识别关键节点的方法；文献［22］利用图论与电力系统物理约束相结合，通过计算去掉某条线路对系统总体连通性的影响，识别系统中的关键元件。在各类事件发生前提前确定薄弱环节并安排部署抢修的人力物资，也是提升恢复力的重要手段；文献［23］提出了一种寻找最严重攻击的模型，研究给定攻击线路数量下能造成的最严重后果，并以此识别脆弱/关键的环节并进行加强；文献［25］基于校园的天然气、电网以及供水系统，寻找造成破坏后果严重的网络最小割集（MCS），研究最脆弱环节的识别与保护。

在此基础上，文献［26］较早提出的“保护—攻击—防御（defender - attacker - defender，DAD）”模型。这类问题假设攻击者与系统保护者具有一定的互相了解，保护者可以基于最大破坏场景，最优规划保护资源的配置；文献［27］假设攻击具有时序性，攻击间隔时间符合正态分布，最终确定一个最优的资源分配方案，用于购置新的元件以及加固现有元件；文献［42］提出了输电网网络保护的三层 DAD 模型，利用列生成算法进行求解。

现有电力系统薄弱环节辨识的研究多为基于平均可靠性水平的期望值进行的研究，没有也无法对小概率—高损失事件进行分析，存在很大的局限性。随着电力系统复杂程度的增大，并考虑极端事件具有的不确定性，薄弱环节的辨识与加固是一个非常复杂的问题，亟须考虑复杂故障下的薄弱环节辨识与加固的有效算法。

二、电力系统弹性提升关键技术研究现状

电力系统恢复力与灾害类型、系统运行方式、系统元件冗余程度、系统防灾减灾计

划等因素息息相关。文献［28］总结了2000年以来发表的电力系统防灾、减灾相关的报告与论文，几乎所有研究都将提高现有的配电网设计、建设标准、更新老旧电气设备作为首要建议。配电网位于电力系统末端，相对于主网更为脆弱，对灾害事件更为敏感，加强配电网线路强度，增加杆塔抗灾强度，有选择性地将配电线路埋入地下，选用防冰、防水元件是比较常见的选择。除此之外，加强线路巡检、植被修建管理、提高通信及其他技术的应用，风险管理、合理经济地加固基础设施、采用自动馈线开关等[29]都是提高恢复力的有效策略。

在对灾害的应急防御阶段，需要科学合理地安排部署抢修的人力物资，建立完善应急响应体系，实现不同基础设施间的信息共享与协调指挥。在灾害破坏无法避免的情况下，需要应用智能电网的故障检测与通信技术及时、准确地定位故障，优化调用系统能源资源，结合主动配电网与微网等先进技术实现快速高效的系统恢复。尽管提升措施诸多，但对于电力系统等复杂系统，很难对小概率突发事件做到完全防御并直接杜绝事故的发生，所以在事故发生中抵御以及事故后恢复是更加现实的选择。此外，恢复力提升措施如果全面展开必将带来巨大的成本，因此有必要研究恢复力投资的最优化，开展成本效益分析，确保电力系统建设的成本在用户与电网公司接受的范围。智能电网技术是实现电力系统恢复力的重要手段[30,31]。智能电网技术中的事故预警、故障检测、IT通信、故障定位等技术的应用将有效提升灾害发生前后各阶段有效应对灾害的能力。智能电表的停电报告功能可以提高配网发现故障的能力，极端条件下的网架重构可以保证负荷快速供电。

分布式电源（distributed generator，DG）和远动开关（remote-controlled switch，RCS）为电网提升弹性提供了技术支持。DG除了可以降低损耗、维持电压稳定、提高可靠性外，还可以用于自然灾害后的负荷恢复。利用DG和远动开关，在配电系统中形成多个微电网，可以恢复重大故障后的关键负荷。除此以外，信息物理系统的深度融合使配电网动态、远程控制成为可能。远动开关可以在配电网遭受极端事件攻击后隔离故障，缩小故障区范围，并参与网络重构恢复负荷。文献［32］提出考虑分布式电源和电动汽车的配电网重构模型，基于对开关状态进行编码并制定编码规则保证网络的连通性及辐射状结构，通过改进的生物地理优化算法求解模型；文献［33］提出了配电网灾后故障抢修与依靠分布式电源重构恢复的协调优化策略，将故障抢修与负荷恢复分别建立为外层、内层模型，应用启发式算法求解，通过预先设置的辐射状拓扑集合对重构拓扑进行约束；文献［34］提出考虑分布式电源出力随机性的多目标故障恢复模型，考虑了分布式电源出力不确定性；文献［35～38］利用DG和RCS在配电网中形成多个微电网，在维持辐射状结构的同时，在重大故障后恢复负荷。由于在每条配电线路上都安装RCS，大多数情况是既不经济也不现实的[39]；文献［40］中，作者提出了一种以弹性为导向的配电网规划策略，RCS只部署在选定的线路上，并设计一个虚拟网络来模拟网络中的故障影响传播；文献［41］提出了RCS的优化配置模型，建立了多重故障下开关状态与各节点是否受到故障影响的对应关系模型，通过配置RCS实现配电网故障后的快速故障隔离与负荷转供。

此外，恢复过程中的一个重要课题是维修人员与应急资源的调度。文献［42］研究了用于恢复的人员调度和网络重构的协同优化问题；文献［43］将移动应急电源调度引入到配电网恢复中，对协同优化模型进行了扩展；在文献［44］中，作者研究了灾后考虑树障清理与交通状况的维修人员调度问题，并建立了故障隔离模型。

现有研究已经着手开始研究电力系统灾害后的快速恢复问题，在高比例新能源、直流输电规模、网架结构对电网运行影响日益深彻的背景下，有必要研究台风等极端事件对系统造成的不同影响，考虑影响范围，优化系统资源配置，设计最优恢复策略，提高电网防台抗灾能力。

第二节 高弹性电网防台抗灾关键技术

根据“电网坚强、设备可靠、运维管理、应急保障”四个方面的重要举措，为实现安全与效率双提升，构建具备高弹性特性、具有多维立体防台抗灾能力的电网，从“平时预、灾前防、灾中守、灾后抢、事后评”五个层面提出高弹性电网防台抗灾关键技术。

一、“平时预”

“平时预”阶段，应注重基础理论的研究，为高弹性电网防台抗灾整体建设提供基础，同时兼顾示范应用，优化投资规划与运行，提升效率。首先应明确系统最大风险与薄弱环节，其次建立电力系统恢复力模型，研究评估理论与方法，最后开展弹性电力系统建设目标仿真验证示范。

1. 确定系统最大风险点

提升电力系统弹性的前提是准确识别我国电力系统应对极端事件面临的最大风险和薄弱环节。传统电力系统风险评估是基于电力系统正常运行状态的平均结果，而针对小概率—高损失极端事件，需要提出相应的最大风险识别方法，才能准确预判最坏场景，提出应对策略。现有的识别方法存在两大不足：其一，与最大风险评估类似，考虑的因素较为单一，很少考虑到新能源、新型负荷等能源转型特征的影响；其二是衡量指标还是基于“大平均”下的正常运行状态，不能识别出极端事件下的薄弱环节。因此需要结合我国电力系统发展特点，从电源特性、电网结构、信息自动化等方面分析应对极端事件的最大风险。在风险评估的基础上，考虑极端事件对电力系统的影响机理，对电力系统进行易损性分析与关键环节辨识，结合数据统计分析确定我国电力系统的薄弱环节。通过试验、评估及统计分析等手段梳理能源转型下电力系统各环节面临的最大风险和薄弱环节是发展弹性电力系统的基础。

在面对突发事件时，某些元件的故障会导致整个系统运行出现问题，这些元件被称为系统中的重要元件，是钳制系统运行水平的关键。对重要元件的识别能够为电力系统的投资决策提供理论依据以保证方案的经济性；为电力系统运行人员提供应重点关注的元件信息以保证故障预警的实时性；为电力系统制定有效的元件强化方案以保证系统遭遇突发事件时的强韧性；为系统修复方案提供决策参考以保证恢复供电的高效性。

2. 故障元件灾害故障模型及易损性分析

在评估系统元件在极端事件下的重要度之前，需要先对极端事件进行建模，了解其影响电力系统的机理。极端灾害包括风暴、雷暴、洪涝以及冰灾等。所谓易损性分析是指承灾体易于受到致灾因子的破坏、伤害或损伤的可能性，即结构在灾害不同等级下的失效概率。改变致灾因子强度的数值，计算结构达到或超过破坏状态的概率，然后采用某种统计方法进行曲线拟合，所得的光滑曲线就称为“易损性曲线”。

对于杆塔，在面对台风极端灾害时，电杆主要受到三种外力，分别是导线受到的风负荷、杆塔受到的风负荷和绝缘子受到的风负荷。通过计算电杆任意截面 x－x 处的弯矩与混凝土电杆的抗弯强度，可以得到在风暴极端灾害下的故障概率表达式

$$P = P\{(R-S) < 0\} = \int_0^S \frac{1}{\sqrt{2\pi}\delta_p} e^{-\frac{1}{2}\left(\frac{M-\mu_p}{\delta_p}\right)^2} \mathrm{d}M \tag{4-1}$$

式中 R——元件强度，设定为服从正态分布的随机变量；

S——风力荷载引起的元件内部效应，即应力，与风速、风向有关；

δ_p——混凝土电杆抗弯强度的标准差；

μ_p——混凝土电杆抗弯强度的均值；

M——弯矩。

因进水受潮而引起的绝缘事故是变压器发生故障的主要原因，在变压器故障中占有较大比例。结合降雨强度的密度函数式，可得到绝缘油火花放电概率 p_1 和油浸纸被击穿概率 p_2 分别为

$$p_1 = 1 - \int_0^{A_1} f(x)\mathrm{d}x \tag{4-2}$$

$$p_2 = 1 - \int_0^{A_2} f(x)\mathrm{d}x \tag{4-3}$$

式中 $f(x)$——降雨强度的密度函数；

A_1——绝缘油放电临界降雨强度；

A_2——油浸纸被击穿的临界降雨强度。

基于变压器运行特性，变压器故障概率可表示为

$$p = p_1 + p_2 - p_1 p_2 \tag{4-4}$$

在风暴极端自然灾害下，对于输电线路，其在故障率与风速的关系可由一个指数函数或者二次函数来刻画。例如，在美国西海岸和中部地区[45]，系统中输电线路与风速大小的关系如图 4－1 所示。

在风暴灾难发生时，树木承受压力增大，更有可能倒向线路，影响架空线路，从而影响电能传输；风雨系统中杆塔与线路的摩擦力会增大，会直接导致杆塔、线路倒下或

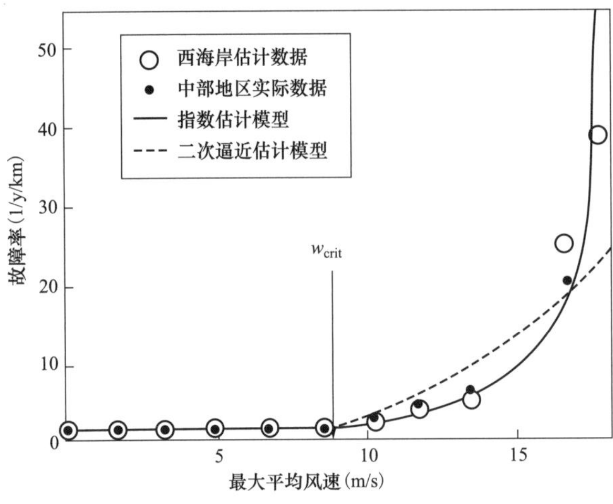

图 4-1　元件故障率与最大平均风速的关系

者碰到外界其他物体，从而影响电能传输。有两种不同的方法能得到元件在风暴下的故障率与元件在正常运行状态下故障率之间的关系。

（1）二次逼近法：这是一个与风速平方成比例的模型，类似于流体物理学中物体在流体中受到阻力的表达式，即

$$\lambda_{wind}(w(t))=\left[1+\alpha\left(\frac{w(t)^2}{w_{crit}^2}-1\right)\right]\lambda_{norm} \tag{4-5}$$

（2）指数拟合法：通过以自然底数 e 为底的指数表达式拟合，即

$$\lambda_{wind}(w(t))=(\gamma_1 e^{\gamma_2 w(t)}-\gamma_3)\lambda_{norm} \tag{4-6}$$

式中　$w(t)$ ——t 时刻的风速，m/s；

$\lambda_{wind}(w(t))$ ——在某风速下元件的故障率，次/（km·y），1/km/y 或次/y，1/y；

λ_{norm}——正常情况下元件的故障率，次/（km·y），1/km/y 或次/y，1/y；

w_{crit}——临界风速，m/s；

α、γ_1、γ_2、γ_3——拟合系数。

故障率与故障概率的关系式为

$$p_{ij}=1-e^{\lambda_{ij}T_y} \tag{4-7}$$

3. 重要元件辨识与强化

提升电力系统对台风等极端事件的抵御能力需要识别重要元件并加以强化。考虑电力系统可能遭受的极端事件，同时电力系统具有事前对系统进行强化、事后采用快速恢复策略降低灾害破坏的可能，协同考虑攻击方在给定条件下以最大切负荷为目标进行攻击，以及运行人员可以采取的灾前强化与灾后快速恢复策略，确定最优的系统元件强化策略。

（1）研究“防御—攻击—防御”模型。这类问题假设攻击者与系统保护者具有一定的互相了解，保护者可以基于最大破坏场景，进行规划保护资源的最优配置；

（2）研究攻击模型，在给定的攻击成本下以最大切负荷为目标寻找最严重攻击的策略，并以此识别脆弱/关键的环节以进行加强；

（3）该“防御—攻击—防御”问题为三层混合整数线性优化问题，利用列生成算法（column - generation algorithm）可以有效地求得最优解。

研究建立的配电网重要元件辨识数学模型如下[26] 所述。

用 $G=(B，E)$ 代表电力系统，其中 B 是节点的集合，E 是线路的集合。令 $\bar{\omega}_j$ 代表节点 j 处负荷的权重。模型中包含四组 0～1 整数决策变量，z 是强化决策，v 是攻击决

策，r 和 w 分别表示下层重构的连续与离散变量。本研究中，恢复力用系统失负荷的加权和作为指标。因此目标函数可写为

$$\min_{z\in E}\max_{v\in E}\min_{w\in E,\gamma\in B\{P_{shed},Q_{shed},P_{DG},Q_{DG},H,G,U,F\}}\sum^{N_{bus}}\tilde{\omega}_j\cdot P_{shed\,j} \tag{4-8}$$

式中 P_{shed}——节点的有功负荷削减；

Q_{shed}——节点的有功负荷削减；

P_{DG}——分布式发电机的有功功率出力；

Q_{DG}——分布式发电机的无功功率出力；

H——线路上的有功功率流；

G——线路上的无功功率流；

U——母线电压幅值；

F——每条母线上的虚拟负荷。

目标函数分为三层，分别对应的是上层系统强化决策、中层攻击决策以及下层恢复决策。具体含义如下：①上层系统强化决策：在故障发生之前，系统运行人员决定对哪些元件进行强化，目标函数是切负荷最小。本研究只考虑强化或者攻击配电网线路。线路一旦被强化，则不再受攻击的影响。系统运行人员仍可以对未故障的线路进行开合操作进行重构。②中层攻击决策：本书考虑的是在给定攻击成本下可能发生的最严重攻击方式。目标函数是最大化切负荷。③下层恢复决策：对于一个已经强化的系统，在发生攻击以后，系统运行人员仍可以通过重构、分布式电源主动孤岛等手段对系统重要负荷进行恢复。目标函数为切负荷最小。

约束条件包括系统的强化成本与攻击成本、线路状态约束、电力系统运行约束、配电网辐射状拓扑结构约束。

(1) 系统强化成本与攻击成本。

本研究中，认为系统选择一部分线路进行强化或攻击。因此强化/约束成本即简化为选择线路的数量。

$$\sum_{ij\in E} z_{ij} \leqslant B_p \tag{4-9}$$

$$\sum_{ij\in E}(1-v_{ij}) \leqslant B_a \tag{4-10}$$

式中 z_{ij}——元件是否被保护［当 $z_{ij}=1$ 时，元件（i，j）被保护；当 $z_{ij}=0$ 时，元件（i，j）没有被保护］；

B_p——元件加固预算费用；

v_{ij}——元件是否被攻击，当 $v_{ij}=1$ 时元件（i，j）未被攻击，当 $z_{ij}=0$ 时，元件（i，j）被攻击；

B_a——元件攻击预算费用。

(2) 线路状态约束。

最终运行状态由以下三组变量共同决定：Z，线路强化 0－1 整数变量；V，线路攻击

0－1 整数变量；W，线路重构 0－1 整数变量。

因此，线路最终运行状态可以表达为

$$qq_{ij}=z_{ij}+v_{ij}-z_{ij}v_{ij}, \forall(i,j)\in E \tag{4-11}$$

$$q_{ij}=w_{ij}\cdot qq_{ij}, \forall(i,j)\in E \tag{4-12}$$

式中 qq_{ij}——当 $qq_{ij}=1$ 时，元件 j 被加固了或者没有被攻击影响，或者没有受到攻击，当 $qq_{ij}=0$ 时元件 j 被破坏；

q_{ij}——代表元件最终状态的二元变量，当 $q_{ij}=1$ 时，元件 j 正常工作，当 $q_{ij}=0$ 时元件 j 被破坏。

而非线性的部分也可以通过以下方法线性化

$$qq_{ij}=z_{ij}+v_{ij}-z_{ij}v_{ij}, \forall(i,j)\in E \tag{4-13}$$

(3) 电力系统运行约束。

节点功率平衡，得到

$$\begin{cases}\sum\limits_{s\in\delta(j)}H_{js}-\sum\limits_{i\in\pi(j)}H_{ij}=P_{DG,j}-(P_{L,j}-P_{shed,j})\\ \sum\limits_{s\in\delta(j)}G_{js}-\sum\limits_{i\in\pi(j)}G_{ij}=Q_{DG,j}-(Q_{L,j}-Q_{shed,j})\end{cases} \tag{4-14}$$

式中 $\delta(j)$——元件 j 的子节点组成的集合；

$\pi(j)$——元件 j 的父节点组成的集合；

$P_{L,j}$——节点的有功负载；

$Q_{L,j}$——节点的无功负载。

线路电压约束，得到

$$\begin{cases}U_i-U_j-(r_{ij}H_{ij}+x_{ij}G_{ij})/U_0\leqslant M(1-q_{ij})\\ U_i-U_j-(r_{ij}H_{ij}+x_{ij}G_{ij})/U_0\geqslant -M(1-q_{ij})\end{cases} \tag{4-15}$$

式中 U_j——母线 j 的电压幅值；

r_{ij}——元件（i，j）的电阻；

x_{ij}——元件（i，j）的电抗；

M——一个大数，大 M 法。

线路容量约束，得到

$$-S_{ij}^{\max}q_{ij}\leqslant H_{ij}\leqslant S_{ij}^{\max}q_{ij} \tag{4-16}$$

$$-S_{ij}^{\max}q_{ij}\leqslant G_{ij}\leqslant S_{ij}^{\max}q_{ij} \tag{4-17}$$

式中 $S_{ij}^{\max}$——元件（i，j）的容量。

切负荷约束

$$0\leqslant P_{\text{shed}}\leqslant P_{L,j} \tag{4-18}$$

$$0\leqslant Q_{\text{shed},j}\leqslant Q_{L,j} \tag{4-19}$$

DG 出力约束

$$P_{DG,j}^{\min}\leqslant P_{DG,j}\leqslant P_{DG,j}^{\max} \tag{4-20}$$

$$Q_{DG,j}^{\min} \leqslant Q_{DG,j} \leqslant Q_{DG,j}^{\max} \tag{4-21}$$

式中 $P_{DG,j}^{\min}$——母线 j 上分布式电源的最小有功功率出力；

$P_{DG,j}^{\max}$——母线 j 上分布式电源的最大有功功率出力；

$Q_{DG,j}^{\min}$——母线 j 上分布式电源的最小无功功率出力；

$Q_{DG,j}^{\max}$——母线 j 上分布式电源的最大无功功率出力。

节点约束

$$U_j^{\min} \leqslant U_j \leqslant U_j^{\max} \tag{4-22}$$

式中 $U_j^{\min}$——母线 j 上电压的最小值；

$U_j^{\max}$——母线 j 上电压的最大值。

（4）配电网辐射状拓扑结构约束。

配电网通常具有网状结构，辐射状运行。根据图论理论，一个图是辐射状当且仅当以下两个条件同时满足：

条件1：闭合线路数量等于节点数减分区数（图内孤岛数量）；

条件2：每个分区内具有连通性。

为实现辐射状拓扑结构，我们可以建立与原系统具有相同网架结构的虚拟网络。虚拟网络内每个分区内有一个根节点作为“源点”，其他各节点具有单位负荷。单位负荷若能满足，说明该节点与根节点有通路。而虚拟网络具有连通性说明原系统也具有连通性。

考虑攻击问题时，攻击会将系统分割成若干部分。若 n 条线路遭到攻击，则系统会分为 $n+1$ 个区域。攻击发生前系统维持辐射状运行。攻击发生后，各子区域依然维持辐射状拓扑结构。因此，在最大攻击问题中，不需要添加额外的辐射状拓扑结构约束。

在上层防御问题与下层重构问题时，重构作为恢复负荷的一种措施。在此阶段时，系统拓扑结构不是固定的，运行人员可以进行拓扑结构重构。认为每个可控DG均可孤岛运行，或与其他DG相连，形成大的DG孤岛。利用重构以及DG孤岛实现负荷恢复时，需要考虑无法确定形成的独立区域数量。为解决这一问题，有必要引入“备选根节点”的概念，即DG节点以及故障线路末端节点。若形成了孤立没有电源的区域，则该区域对应的备选根节点成为真正的根节点。为建模求解重构问题，引入一组0-1整数变量：γ，$\gamma_j=1$ 如果节点 j 为根节点，否则 $\gamma_j=0$。

辐射状配网拓扑约束可以写成

$$\sum_{s\in\delta(j)} F_{js} - \sum_{i\in\pi(j)} F_{ij} \geqslant -1 - M \cdot \gamma_j(\mathrm{Groot}_j + x_j) \tag{4-23}$$

$$\sum_{ij\in E} q_{ij} = N_{bus} - \sum_{j\in B} \gamma_j \tag{4-24}$$

$$\sum_{s\in\delta(j)} F_{js} - \sum_{i\in\pi(j)} F_{ij} \leqslant -1 + M \cdot \gamma_j(\mathrm{Groot}_j + x_j) \tag{4-25}$$

式中 F_{ij}——元件（i，j）上流过的虚拟功率流；

$Groot_j$——母线 j 上是否连着分布式电源，当 $Groot_j=1$ 时，母线 j 上安装了分布式电源；当 $Groot_j=0$ 时，母线 j 上没有安装分布式电源；

N_{bus}——母线的总数。

通过研究上述模型可以看出，该模型是一个三层模型，每一层均为一个混合整数优化问题，即

$$\min_{z\in Z,r'\in R,w'\in W}\max_{v\in V}\min_{r\in R,w\in W\{P_{\text{shed}},Q_{\text{shed}},P_{DG},Q_{DG},H,G,U,F\}}\sum^{N}\tilde{\omega}_n\cdot Pshed_n \tag{4-26}$$

通过对内层混合整数问题的整数变量、连续变量分解，可以得到一个最内层的最小化线性优化问题，即

$$\min_{z\in Z,r'\in R,w'\in W}\max_{v\in V}\min_{r\in R,w\in W\{P_{\text{shed}},Q_{\text{shed}},P_{DG},Q_{DG},H,G,U,F\}}\min\sum_{n\in N_{bux}}\tilde{\omega}_n\cdot Pshed_n \tag{4-27}$$

利用列生成算法，可以将本问题的模型分解为上下层问题，同时下层问题又可以进一步分为下层主问题和下层子问题。

上层问题：

$$\min_{z\in Z,r'\in R,w'\in W\{P_{\text{shed}},Q_{\text{shed}},P_{DG},Q_{DG},H,G,U,F\}}\min\sum_{n\in N_{bux}}\tilde{\omega}_n\cdot Pshed_n \tag{4-28}$$

下层问题：

$$\max_{v\in E}\min_{w\in E,\gamma\in B\{P_{\text{shed}},Q_{\text{shed}},P_{DG},Q_{DG},H,G,U,F\}}\min\sum_{j\in B}\tilde{\omega}_j\cdot Pshed_j \tag{4-29}$$

下层问题又可以进一步分解为下层主问题和下层子问题。

下层主问题：

$$\max_{v\in E\,\{P_{\text{shed}},Q_{\text{shed}},P_{DG},Q_{DG},H,G,U,F\}}\min\sum_{j\in B}\tilde{\omega}_j\cdot Pshed_j \tag{4-30}$$

下层子问题：

$$\min_{\{\gamma,w,P_{\text{shed}},Q_{\text{shed}},P_{DG},Q_{DG},H,G,U,F\}}\sum_{j\in B}\tilde{\omega}_j\cdot Pshed_j \tag{4-31}$$

The column - and - constraint generation（CCG）是用于两阶段鲁邦优化的分解算法，具有比较好的运算效率可以求得全局最优解。本书采用两层的 CCG 算法对该复杂的三层问题进行求解。

CCG 算法规定，求解上层问题时，根据下层决策变量动态生成新的约束；求解下层问题时，上层决策变量固定不变，下层问题根据上层问题决策寻找最严重场景（worst case scenario）。具体为：①第一层，上层问题是一个最小化问题，给定攻击方案后求解最优的强化方案。一旦强化方案确定之后，强化方案在下层问题中将保持不变。②第二层，下层主问题求解一个最大化攻击问题，寻找给定强化方案与拓扑结构的最大化攻击方案。③第三层，下层子问题在给定强化方案与攻击方案后通过重构等策略实现切负荷最小化。

算法流程如图 4 - 2 所示。

4. 构建电力系统恢复力模型

构建电力系统恢复力模型，研究评估理论与方法。对极端自然灾害对电力系统的影响建模，在此基础上构建电力系统恢复力评估框架。极端事件下的恢复力评估方法基于

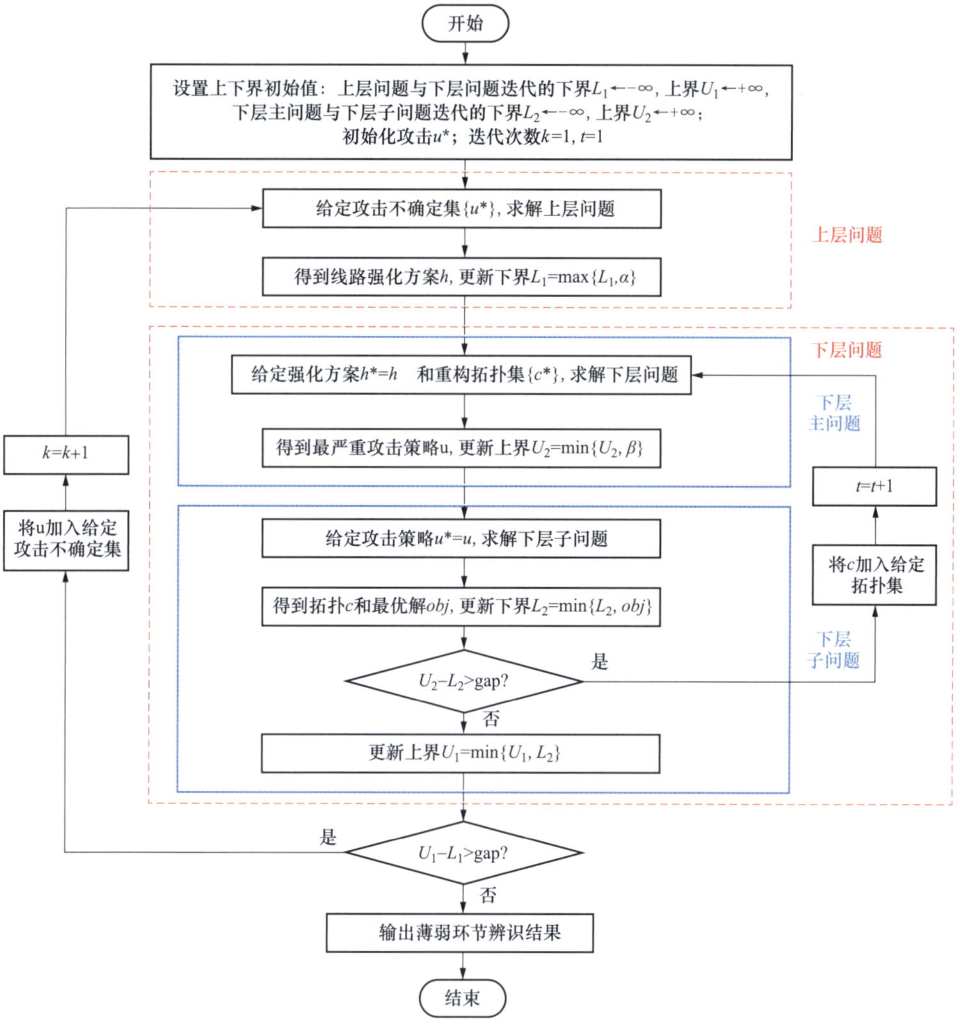

开始

设置上下界初始值：上层问题与下层问题迭代的下界$L_1 \leftarrow -\infty$，上界$U_1 \leftarrow +\infty$，
下层主问题与下层子问题迭代的下界$L_2 \leftarrow -\infty$，上界$U_2 \leftarrow +\infty$；
初始化攻击u^*；迭代次数$k=1$，$t=1$

上层问题

给定攻击不确定集$\{u^*\}$，求解上层问题

得到线路强化方案h，更新下界$L_1=\max\{L_1,\alpha\}$

下层问题

下层主问题

给定强化方案$h^*=h$　和重构拓扑集$\{c^*\}$，求解下层问题

得到最严重攻击策略u，更新上界$U_2=\min\{U_2,\beta\}$

下层子问题

给定攻击策略$u^*=u$，求解下层子问题

得到拓扑c和最优解obj，更新下界$L_2=\min\{L_2, obj\}$

$U_2-L_2>gap$?

是：将c加入给定拓扑集 → $t=t+1$

否：更新上界$U_1=\min\{U_1, L_2\}$

$U_1-L_1>gap$?

是：将u加入给定攻击不确定集 → $k=k+1$

否：输出薄弱环节辨识结果

结束

图 4－2　CCG 算法求解流程

多源数据，结合元件状态模型，根据电力系统的故障后果对恢复力进行评估。电力系统的多层次恢复力评估指标涵盖负荷、网架、设备、弹性资源、应急管理、气象监测等层面。

5. 开展弹性电力系统建设目标仿真验证示范

开展系统级数字仿真和示范验证、弹性电力系统建设目标仿真验证示范，推进弹性电力系统整体建设。

二、“灾前防”

“灾前防”阶段，在灾前应做好应急预案，为减轻电网受扰动程度与快速恢复做好充分准备，结合应急防御与控制策略提升电力系统的响应能力。

（1）在应对极端事件时采取弃线保杆、变电站主动停运等措施，考虑设备修复时间保障重点设备安全以提升系统弹性。

（2）实施机组组合优化、紧急负荷削减、广域保护和控制、主动孤岛运行等控制策略提升系统对极端事件的抵御能力。

（3）电力系统动态应急防御。电力系统受到极端事件的影响过程本身存在很强的时序特征，节点在受到极端事件影响之前，对于极端事件防御的主要方式包括对高风险影响范围大的设备进行事前加固、对系统中的机组预先调节处理、优化系统运行方式等。同时，这些节点尚未受到极端事件的侵袭，所以需要尽量地避免负荷的损失。

三、“灾中守”

“灾中守”阶段，一方面要挖掘分布式电源、微网提升弹性的示范作用，研究孤岛状态下电网的灵活运行和可靠供电；另一方面可以从完善市场对恢复力提升的激励补偿机制出发，加快弹性电力系统与电力、能源市场的融合。

（1）挖掘分布式电源、微网提升弹性的示范作用。分布式可再生能源、储能等快速发展，强调利用风、光、储等多种能源形式的优化协调以提升电力系统的恢复力。近几年有很多文献研究如何利用分布式电源和微电网进行配电网的应急响应和负荷恢复。其核心是通过改变配电网的拓扑结构，并协调其中的分布式电源和微电网，实现孤岛状态下配电网的灵活运行和可靠供电。此外，各国的极端灾害应对经验都说明，微电网及分布式发电能够极大地提高电力系统的恢复力。

（2）完善市场对恢复力提升的激励补偿机制。电力市场及需求侧响应能提高电力系统极端事件下的响应与适应能力。美国 PJM 公司在 2014 年极地漩涡（porla vortex，一种发生于极地上空的大规模气旋）中曾 3 次启动需求侧响应。尽管电价一度被抬高到 1.8 美元/kWh，但成功保障了供电。极端天气下的需求侧响应比传统机组调节方法更加可靠，且响应速度更快、调节更灵活，因此能更有效地提升电力系统弹性，降低系统运行成本。现有的电力市场机制并没有对恢复力的提升措施建立相应的激励机制，需要进一步完善对恢复力提升的激励与补偿机制，将电力市场的激励机制引入网架强化及灾后恢复中。加快弹性电力系统与电力、能源市场的融合，未来研究的重点包括弹性资源的聚集、弹性参与的电力市场机制设计、基于电力市场的应急响应和灾后恢复方法，以构建极端事件下基于各类弹性资源的更加完善的市场机制。

四、“灾后抢”

“灾后抢”阶段，需要对灾情信息与电网状态的快速、准确把握，实施故障元件维修与非故障区域负荷恢复等措施。

（1）监测预警与信息采集分析技术。与气象部门等合作研究在线监测预警方案，为灾后快速决策提供支持。基于气象信息、用户侧反馈、系统脆弱性分析、现场监测等多信息源融合的系统状态感知技术可以有效提升极端事件后电力系统的恢复能力。高级量测体系（advanced metering infrastructure，AMI）综合应用故障指示器、μPMU（micro - phasor measurement units）、智能电表等可以及时将停电信息通报给电力公司。基于快速故障评估的综合决策框架如图 4 - 3 所示。

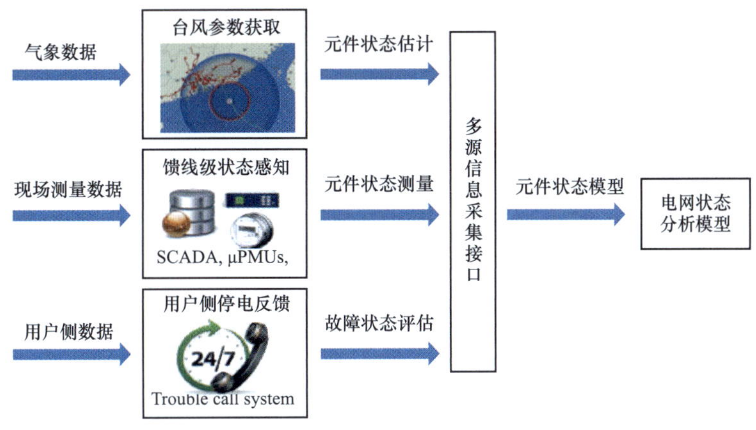

图 4-3 基于快速故障评估的综合决策框架

(2) 快速恢复技术与新兴技术结合。数据挖掘、机器学习、人工智能等新技术在应对极端事件、提升弹性方面具有强大潜力[47]。例如，人工智能技术构建的地震模拟、评估和响应系统能减少基础设施因地震造成的损失。利用大数据技术实现灾害实时数据的广泛收集，提高海量数据的融合处理能力，为应急人员提供实时动态策略，从而构建弹性城市。在风险分析、薄弱环节辨识以及应急响应决策等环节中，与数据挖掘、机器学习、人工智能等新兴技术结合，进一步提升评估和决策的效率和准确性。例如，通过对极端事件影响的用户数、停电时间数据等分析可以辨识关键基础设施存在的薄弱环节[48]，为提升恢复力提供决策参考，如图 4-4 所示。

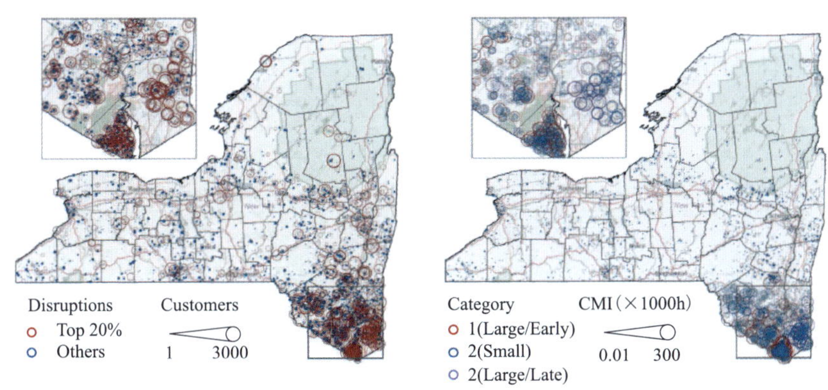

图 4-4 通过大规模数据分析辨识基础设施薄弱环节

(3) 基于分布式电源与微网技术的配电网重构。分布式电源（DG）可以用于灾害后的负荷恢复，基于分布式电源，在配电系统中形成多个微电网，可以有效提升关键负荷的供电安全。在恢复过程中，通过控制分段开关和常开联络开关，形成了由 DG 供电的孤岛微电网。首先假设每个可控 DG 可以形成一个微电网，该方法还可以调整成允许多个 DG 在一个微网中协作运行。为保证辐射状配网结构，采用以下约束条件，即

$$\sum_{ij \in L} c_{ij} = N^{V} - R \tag{4-32}$$

$$\begin{cases} \sum_{s \in \delta(j)} F_{js} - \sum_{i \in \pi(j)} F_{ij} = W_j, j \in F \\ \sum_{s \in \delta(j)} F_{js} - \sum_{i \in \pi(j)} F_{ij} = -1, j \in V \backslash F \end{cases} \tag{4-33}$$

$$-Mc_{ij} \leqslant F_{ij} \leqslant Mc_{ij} \ \forall (i,j) \in L \tag{4-34}$$

由式（4-32）表明，在辐射图中，边的个数应等于节点数减去连通子图的个数，其中，R 表示连通子图的个数。式（4-33）、式（4-34）设置了具有相同拓扑结构的虚拟网络，每个子图选择一个节点作为源节点，其他节点作为负荷节点，其中，W_j 为源节点输出，F 为源节点的集合。式（4-33）表示虚拟功率平衡，式（4-34）表示虚拟功率只能在闭合线路上流动。约束（4-33）、式（4-34）保证源节点和负荷节点之间存在通路。

在灾后拓扑重构过程中，子图包含：①配置 DG 供电的微电网；②变电站供电的负荷节点；③攻击造成的未供电的负荷孤岛。假设每个 DG 形成一个微电网，式（4-32）可以重新表述为

$$\sum_{ij \in L} c_{ij} = N^{V} - \sum_{j \in V} x_j^{DG} - \sum_{j \in V} x_j^{sub} - N^{L} \tag{4-35}$$

式中　N^L——无源子图数；

x_j^{sub} 和 x_j^{DG}——二元变量。

系统受到攻击后，可以闭合某些开关来恢复负荷，图 4-5 为系统正常运行的拓扑状态示例，当灾害发生后，网络被划分成 6 个子图，其中 4 个子图为无源的负荷孤岛子图，如图 4-6 所示。在将联络开关（1～4）和分段开关（3～5）闭合恢复负荷节点 4 和 3 之后，无源子图减少到 2 个，如图 4-7 所示。因此，为了确定处于恢复阶段的无源子图，我们可以保持位于攻击线路的开关断开，闭合其他开关形成一个环网，然后无源子图的识别可分为两个步骤：①确定连通子图数；②识别不包含变电站和 DG 电源的子图。

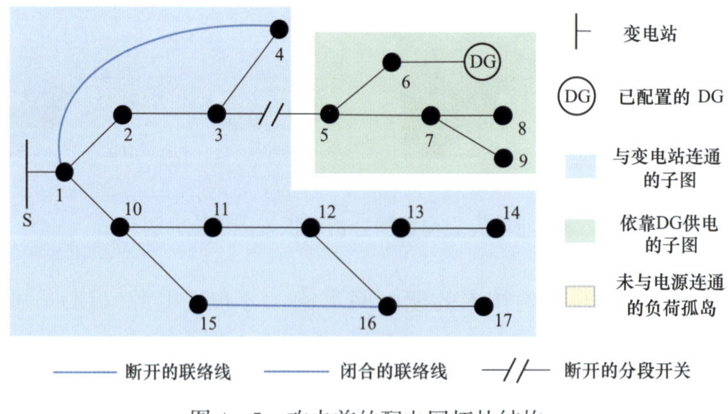

图 4-5　攻击前的配电网拓扑结构

分布式一致性算法可以用于在无向图中寻找连通子图。根据该算法，每个节点与

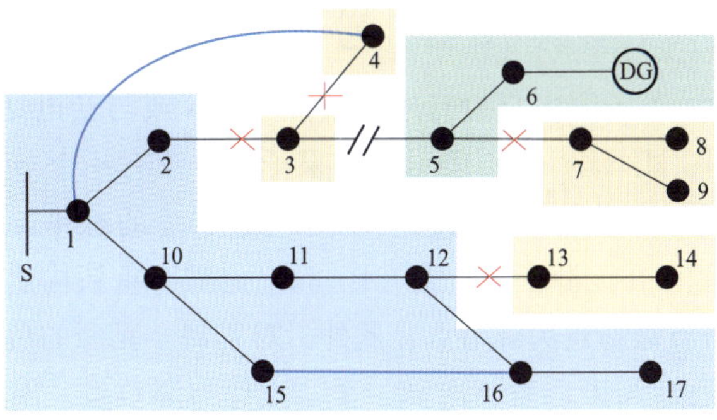

图 4-6　攻击后的配电网结构

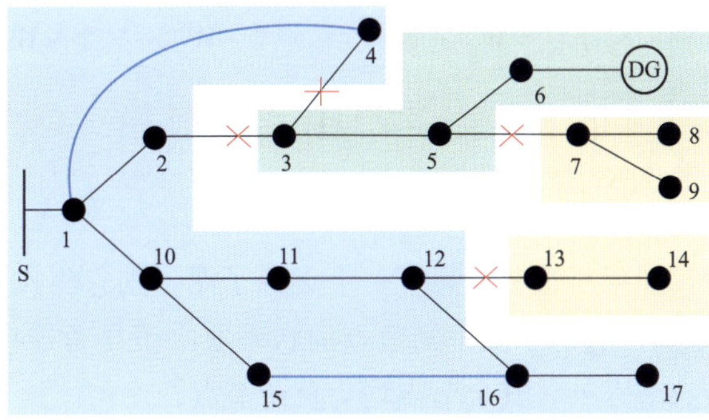

图 4-7　重构后的配网结构

相邻节点反复交换信息，给定每个节点初始迭代变量，同一连通子图中节点的迭代变量将逐渐收敛于同一值，从而根据不同的收敛值确定连通子图。一致性算法数学形式为

$$X_i(k+1)=X_i(k)+\gamma\cdot\sum_{j\in NEI_i}[X_j(k)-X_i(k)] \tag{4-36}$$

式中　$X_i(k)$——节点 i 在第 k 次迭代时的迭代变量；

γ——步长；

NEI_i——节点 i 的邻节点的集合。

当 γ 满足 $\gamma\in(0,\ 1/d_{\max})$ 时，对于无向网络可以保证收敛速度[30]，其中 $d_{\max}$ 为网络的最大节点出度（outdegree）。

由于 DG 配置的决策变量在求解优化问题之前是未知的，因此无法直接识别无源子图。因此，处理灾后 DG 配置重构的关键问题是对无源子图的数目进行建模。引入辅助二元变量 y_κ^{island} 表示子图 κ 的状态。$y_\kappa^{island}=1$ 代表子图 κ 是无源孤岛子图。定义 $\boldsymbol{\Omega}$ 为连通子图的集合，无源子图数目计算式为

$$\sum_{j\in\Omega_\kappa}(x_j^{DG}+x_j^{sub})\leqslant M\cdot(1-y_\kappa^{island}),\kappa=1,2,\cdots,|\boldsymbol{\Omega}| \tag{4-37}$$

$$y_\kappa^{island}\geqslant 1-\sum_{j\in\Omega_\kappa}(x_j^{DG}+x_j^{sub}),\kappa=1,2,\cdots,|\boldsymbol{\Omega}| \tag{4-38}$$

$$N^{L}=\sum_{\kappa=1}^{|\mathbf{\Omega}|}y_{\kappa}^{island} \tag{4-39}$$

式（4－37）表示，若子图中至少有一个节点与DG或与变电站相连，即 y_{κ}^{island} 等于0，子图不是无源子图；式（4－38）表示，如果子图中没有一个节点与DG或变电站连接，则 y_{κ}^{island} 应取1；式（4－39）表明 N^{L} 可表示成 y_{κ}^{island} 的总和。

由于重构期间可能存在无源子图，式（4－33）也需要重新构建。在虚拟网络中，与DG或变电站连接的节点被指定为源节点。此外，对于每个无源的负荷孤岛，虽然不具有电源节点，为适应连通性约束，需要选择一个节点作为源节点。因此，在每个连通子图中，我们选择一个节点作为潜在的源节点，并将选择的节点表示为 φ_{κ}。式（4－33）重新表述为

$$\begin{cases}\sum\limits_{s\in\delta(j)}F_{js}-\sum\limits_{i\in\pi(j)}F_{ij}=W_{j}\cdot y_{\kappa}^{island}+x_{j}^{DG}\cdot W_{j}+x_{j}^{sub}\cdot W_{j}-1\\ \forall j=\varphi_{\kappa},j\in\Omega_{\kappa},\kappa=1,2,\cdots,|\mathbf{\Omega}|\\ \sum\limits_{s\in\delta(j)}F_{js}-\sum\limits_{i\in\pi(j)}F_{ij}=x_{j}^{DG}\cdot W_{j}+x_{j}^{sub}\cdot W_{j}-1,\forall j\in\mathbf{V}/\{\varphi_{\kappa}\}\end{cases} \tag{4-40}$$

式（4－40）表示，如果所选节点属于一个无源子图，则它将作为一个输出不受限制的源节点。反之，如果属于有源子图，则节点的状态取决于是否连接到DG或者变电站。式（4－40）保证除所选节点外，其余节点均为负荷节点。

需要注意的是，虽然所提重构方法是基于每个可控DG形成一个微电网的假设而建立的，但是，该方法可以通过将式（4－35）替换为公式 $\sum\limits_{ij\in L}c_{ij}=N^{V}-|\mathbf{\Omega}|$ 以及将式（4－40）替换为 $\sum\limits_{s\in\delta(j)}F_{js}-\sum\limits_{i\in\pi(j)}F_{ij}=-1$，$\forall j\in\mathbf{V}/\{\varphi_{\kappa}\}$，从而允许多个DG在一个微电网中协同工作。图4－8和图4－9给出了两种拓扑形式示例，当允许多个DG协调运行，可以充分利用发电容量，反之当限制单一DG形成独立微网，由于电力平衡在各独立微网中实现，可以提升对可能发生的连锁故障的应对能力。

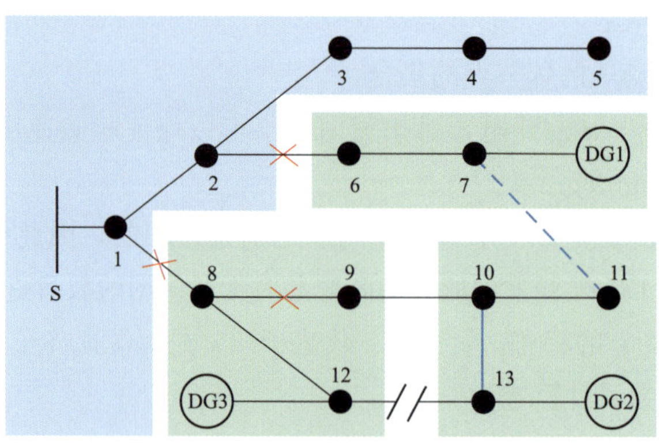

图4－8　单一DG形成微电网的拓扑结构

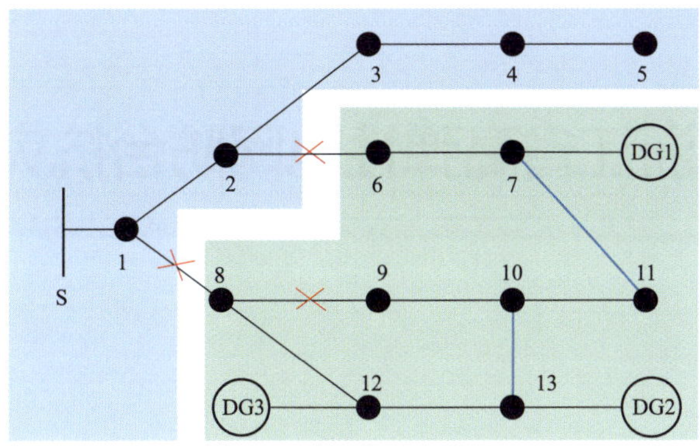

图 4-9 多个 DG 构成一个微电网的拓扑结构

五、“事后评”

“事后评”阶段，需要总结弹性电力系统建设经验，完善评价指标体系，实现系统弹性灾后评价打分，开展故障后复盘分析与整改。

（1）实现系统弹性灾后评价打分。建立科学评价体系，客观反映电力系统在极端事件下的短板，指导后续电网规划与建设。对于评分未达标的环节，应重点攻坚、提升系统弹性。

（2）故障后复盘分析与整改。故障后及时报送故障信息与处理过程，分析故障发生的原因，提出整改与预防措施。对故障处理过程中遇到的问题进行总结。

第五章　浙江省高弹性电网防台抗灾建设实践

第一节　浙江省对高弹性电网防台抗灾建设的探索

按照“基础理论→核心评价→关键技术→应用实践”的技术路线，从“电网坚强、设备可靠、运维管理、应急保障”四个方面开展应用实践，搭建“防灾规划、监测预警、分析研判、应急指挥、总结评估”一体化信息平台，打造高弹性电网防台抗灾示范窗口，形成高弹性电网防台抗灾应用实践体系，进一步深化基础理论、推广关键技术。

坚持理论研究和实践应用结合的发展路径，积极利用理论研究指导实践工作，通过深入挖掘实践工作的重点和难点，加快理论研究成果向实践工作的转化，在东南沿海地区内推动高弹性电网防台抗灾建设与示范，在综合考虑电网地域特征、实际需求、技术现状和发展趋势的条件下，体现建设高弹性电网防台抗灾的重要性、前瞻性与可行性。开展电网防台抗灾、灾后快速恢复的研究与应用示范，作为打造高弹性电网防台抗灾战略的落地试点。推进高弹性电网防台抗灾应用实践，完善配套的管理体系及工作机制，探索多元融合高弹性电网形态下有效应对台风等极端外部环境的解决方案，及时总结分析关键技术在实际应用过程中的优势、适用场景和存在的问题，积累相关经验，推进高弹性电网防台抗灾整体规划建设，最终实现高弹性电网防台抗灾建设目标。

一、防汛防台发展规划

为提高国网浙江省电力有限公司电网抵御台风灾害能力，规范、科学开展电网防台抗灾工作，最大程度减少台风灾害造成停电事件的损失和影响，保障电网安全运行和正常供电，根据《国网浙江省电力有限公司防汛防台工作指导意见》，细化发展规划专业的防汛防台日常工作。

（一）网架提升

1. 总体要求

在电网规划、设计过程中，应充分考虑洪涝、台风等灾害影响，持续改善电网布局结构，按照差异化设计原则适当提高重要输电线路、变电站、配电站（房）设计建设标准，使之满足防汛防台要求。

在电网设施选址时，应尽量避开易发生泥石流、滑坡、崩塌、受淹等地质、水文灾害地带，以及相对高耸、突出地貌或山区风道、垭口、抬升气流的迎风坡等微地形区域。

在电网规划设计阶段，应对易受台风灾害影响区域的220kV及以上同杆架设线路同停等严重事故开展安全校核，任一同杆双回或多回架设的220kV及以上输电线路因故障或无故障三相断开不重合、任一条220kV及以上母线故障，均不得造成国务院599号令规定的一般及以上电力安全事故。

2. 构建坚强可靠主网架

（1）强化500kV电网结构。

1）500kV送端电网中，大型电源宜采用大截面、少回路、单点接入的方式直接接入负荷中心，以减少电源线路故障对电网造成的影响。大电源不宜在送端相互连接，以减少送出线路潮流的相互影响。

2）500kV受端电网应构筑以双环网为主的电网结构，并加强和逐步扩大主要负荷集中地区内部及其之间的网络连接，以形成坚强的受端系统。

3）500kV电网应有较强的无功功率事故补偿能力，当大容量电源突然失去1回送电线路或受端电网中最大1台发电机突然切除时，应保持受端枢纽变电站高压母线事故后的电压不低于系统额定电压。

（2）优化220kV电网分片。

1）220kV电网应以500kV变电站为中心实现分片供电，正常方式下分片电网联合供区运行或独立供区运行。各区之间应具备检修或故障情况下的支援能力，全电压等级的综合转供能力不宜低于供区负荷的60%。若遇联络通道建设困难转供能力不足的情况，可将同一220kV环网出线分布在500kV变电站分段断路器的两侧母线，以提高供电可靠性。

2）500kV变电站的220kV母线一般为双母线双分段接线，分段断路器两侧的出线间隔排列应尽量减少架空线在变电站出口段交叉跨越。

3）220kV电网宜采用双回路环网结构，也可采用链式结构，尽量避免终端式结构。位于偏远地区形成环网困难的220kV终端变电站，应加强其下级电网的负荷转供能力。

（3）提高工程设计标准。

1）在易受台风影响地区建设220kV变电站时，优先考虑户内站，尽量避免建设地下或半地下变电站；220kV及以上变电站的场地设计标高应高于频率为1%的洪水水位或历史最高内涝水位；站内建筑物室内标高应高于室外场地标高至少0.6m；地下部分防水等级应按GB 50108规定的一级标准设计。

2）500kV及以上输电线路宜避开海岸线10km内无屏蔽地形的区域，尽量避免在海岸线20km范围内平行于海岸线走线。应避免将同一县级区域的220kV主供线路安排在同一危险走廊内，若因廊道原因无法避免，宜采用单回架设。

3）易受台风影响地区，应明确重要保电线路。重要送电线路的重要性系数取1.1～1.2，使其安全等级提高一级。220kV线路设防水平达到50年一遇，500kV线路设防水平达到100年一遇。

4）易受台风影响区域的220kV及以上输电线路，不应采用紧凑型铁塔和拉线塔；应适当缩短耐张段长度，耐张段内连续直线杆塔不宜超过7基。耐张塔跳线应按最大设计风速的1.3倍校核风偏间隙。

5）应采用实际运行成熟可靠的导线、地线，导线可采用防腐性能较好的铝包钢芯铝绞线、铝合金绞线等，地线可采用铝包钢绞线，不宜采用钢绞线。

3. 打造灵活转供配电网

（1）加强线路有效联络。

1）完善高压配电网网架结构，逐步减少110kV电网单一电源双辐射接线方式，宜采用双侧电源进线，条件不具备时可与周边变电站的10（20）kV母线建立专用联络线路。B类及以上供电区域，110kV变电站上级电源应来自两个不同的220kV变电站。

2）加快中压线路由单辐射向适度联络、内联向外部联络转变，提高变电站、中压线路负荷灵活转供能力，增强对上级电网的支撑能力。市区、城镇中心区中压电缆网宜采用双环网、单环网，架空网宜采用多分段适度联络，其他地区中压电缆网宜采用单环网，架空网宜采用多分段适度联络。

3）提升配网线路联络率，构成联络的两条或多条线路宜来自不同变电站。中压架空线路可根据线路安全水平分布情况，适当增加分段数量。中压电缆线路采用双环式接线方式且两个环网采用不同通道时，可在环网室（箱）内的两段母线之间设置母联开关。全面梳理配网线路情况，排查存在单辐射、无效联络情况的线路，并建立配网线路问题清单，制定整改方案，以提高线路负荷转供能力。

（2）建设重要用户生命线。

1）结合网架提升工作，以“重要电力用户供电模式”的分类为基础，根据当地灾害类型等实际情况，以供电网格为单位开展重要电力用户专项排查，全面梳理和确认重要电力用户信息。

2）差异化提升配电网生命线建设标准，重要用户上级电源应至少追溯至两个不同的110（35）kV变电站，推荐采取电缆线路供电。重要电力用户供电电源配置条件应在满足GB/T 29328—2018要求基础上，适当提升供电标准。

（3）优化站址及廊道布局。

1）综合考虑廊道地形地貌、地质环境影响，结合历史信息和风险评估，路径选择时尽量避开沿海迎风面、垭口等易受台风影响微地形，避开滑坡、泥石流、易受淹等地质灾害易发地带，与大型林木或高危构筑物保持一定距离，减少大面积断线倒杆现象的发生。

2）保证重要输电线路与一般线路之间的安全距离，防止临近线路倒塔影响重要线路安全运行。在发生超过一般线路设防标准的严重自然灾害情况下，优先保证重要输电线路、重要负荷供电线路等安全、稳定运行。

3）梳理现存线路廊道情况，对存在灾害安全隐患或已发生过灾害事故的线路廊道，建立负面清单，制定整改方案，并根据风险评估结果，逐步纳入配电网建设改造计划。

4）优化重要变（配）电站选址，受台风影响容易发生洪水、内涝灾害的地区，对规划变（配）电站选址进行校核，优化调整电网设施布局规划。

（二）保障举措

1. 电网规划

（1）规划理念。

公司相关单位应从规划源头牢固树立防汛防台理念，将防汛防台理念有效纳入各级电网规划，积极宣贯、正确引导，从日常各类工作出发，形成长效工作机制，按照“放管服”改革总体要求，以构建“四级管理、五级参与”规划体系为主线，以强化电网规划引领和项目落实为抓手，以电网规划安全效益双提升为导向，科学构建各级规划支撑体系。

（2）规划编制。

规划编制时各级单位需强化“差异化”理念，对灾害多发区域开展防汛防台能力专项评估，严格执行防汛防台规划设计技术原则，从网架提升、设备加强等多方面，因地制宜提升区域防汛防台能力。规划项目库中增设“防汛防台”专项类别，将相关规划项目纳入该类别，确保防汛防台规划项目优先落地实施。积极推动防汛防台规划项目纳入政府相关规划，加强相关站址廊道等电力设施保护，提升该类项目政策保障力度。

（3）规划评审。

公司各级规划部门应在各类规划评审中，强化防汛防台部分的技术原则、规划方案、项目投资审查。重点关注防汛防台的技术原则选择是否科学合理，以及是否可以满足区域防汛防台的实际需求；规划方案是否切实可行，是否满足防汛防台的相关技术标准；项目建设与投资是否规模合理、科学有序，是否可以满足区域经济社会对区域电网供电可靠的需求。与防汛防台密切相关的项目，应优先安排实施。

（4）规划评估。

公司各级规划部门应建立防汛防台规划评估与追踪机制，重点加强防汛防台规划方案落实、项目实施成效的反馈。对原规划中的规划思路、技术原则、技术方案、项目落实和规划成效的全过程进行分析总结，对问题进行分析，对提升措施及其成效等内容进行经验和方法总结，在后续规划修编、滚动中持续优化和完善，提高防汛防台工作的科学性和有效性。

2. 项目可研

（1）主要设计原则。

针对沿海易受台风和潮汛影响区域项目，主要设计技术原则需综合考虑运检、调度、营销等各部门防汛防台需求，确定防汛防台技术措施。从必要性、可行性、经济性等多重角度，统筹考虑防汛防台技术方案。

（2）可研编制阶段。

针对沿海易受台风和潮汛影响重点区域，严格落实防汛防台技术措施。35kV 及以上电压等级可研文本应增加防汛防台技术专篇，20kV 及以下电压等级可研文本应增加防汛防台技术章节，差异化应用防汛防台新技术、新材料、新工艺，确保项目安全效益双提升。

（3）可研评审阶段。

针对沿海易受台风和潮汛影响区域，评审单位在项目可研评审中，重点对防汛防台技术专篇或章节开展评审，贯彻执行防汛防台技术原则，重点关注设计方案是否切实可行，是否满足防汛防台的相关技术标准；项目建设与投资是否规模合理、科学有序，确保安全和效益双提升。与防汛防台密切相关的项目，应优先安排评审。

3. 投资管理

（1）年度投资计划编制。

110kV 及以上输变电工程项目应根据电网发展规划、年度运行方式，以及实际的防汛防台需要，将前期已具备合法开工的项目，在编制年度投资计划时优先列入计划并保证资金需求，保障防汛防台项目资金的优先落实。

35kV 及以下配电网项目由各属地公司根据需求上报，由发展部组织相关部门对上报的防汛防台项目进行审核，优先列入计划并保证资金需求。原则上要求防汛防台的配网项目当年双夏前投运，保障防汛防台项目资金的及时性、有效性。

（2）年度投资计划调整。

年度投资计划调整阶段，优先安排并保证灾后重建项目和补强工程。110kV 及以上输变电工程项目根据当年防汛抗台相关情况按需纳入调整计划上报；35kV 及以下配电网项目由各属地公司根据公司“放管服”工作要求自行调整，保障灾后重建和补强工程项目投资，发展部对配网投资调整需求进行审核，优先列入年度调整计划上报。

（3）成效评估工作。

公司发展部组织相关单位在次年对上一年的防汛防台项目进行后评价，通过相应的指标分析防汛防台投资效益，总结经验，形成闭环，提升防台防汛项目的建设质量和投资效益。

4. 综合计划

按照公司综合计划管理优化提升实施细则，统筹项目安排，防汛防台项目纳入批次计划统一下达。

（1）常态化开展防汛防台项目储备，成熟一个、储备一个，并按照实施的必要性和紧迫性对项目进行分级管理。

（2）在下一年度分批次综合计划安排上，优先保障防汛防台类项目的计划安排，原则上要求该类项目在上一年预安排或第一批计划中予以安排，保障项目尽快开工并能在上半年（台风季前）完工。

（3）为台风灾后重建、防汛防台补强等应急项目开辟绿色通道，项目在取得可研批复后即可报省公司备案实施，并纳入年度综合计划统一调整。

（4）强化对防汛防台类项目的过程管控，密切关注项目实施进度，确保项目落地落实。

（三）总结与提升

每年汛期结束后，发展部组织各相关单位开展防汛防台工作总结，梳理防汛防台各阶段暴露的问题并开展提升，总结主要包含规划方案的有效性、网架薄弱环节的针对性、项目投资的合理性、项目落地的成效性等方面，提升电网发展质量和投资效益。

二、高弹性电网防台抗灾建设具体任务

根据“电网坚强、设备可靠、运维管理、应急保障”四个方面十六项重要举措，布置高弹性电网防台抗灾建设具体工作任务，见表 5－1。

表 5－1　　高弹性电网防台抗灾建设具体任务

管理体系	具体措施	具　体　任　务
电网坚强	优化220kV网架	（1）220kV 电网优先采用双回路环网结构，部分 220kV 变电站可采用双回路链式结构，每 1 链中 220kV 变电站的数量不宜超过 2 座。在电网发展的过渡年份中，分区电网可采用从 2 座 500kV 变电站受电的结构，包括采用链式结构，但每 1 链中所接 220kV 变电站的数量不宜超过 3 座。 （2）对于重要防台区的海岛、山区电网终端变电站，应加强下级联络，增强配网转供能力
	优化110kV网架	（1）变电站应优先采用双侧电源进线，远景网架宜构成四线六变的双链式电网接线。对于负荷密度较小、分布较为分散或不具备双电源供电条件的地区，可采用单座 220kV 变电站不同段母线供电的方式。 （2）220kV 变电站间需充分考虑 110kV 联络线，增强配网转供灵活性。沿海重要的同杆架设输电线路应适当提高设计标准，优化提高风偏设计参数裕度
	优化配电网网架	（1）市区、城镇中心区等供电区域类型等级较高的区域，在网架结构设计方面，中压电缆网宜采用双环网、单环网，架空网宜采用多分段适度联络；其他地区中压电缆网宜采用单环网，架空网宜采用多分段适度联络。应持续加强完善网架结构，加快中压线路由单辐射向适度联络、线路内联向外部联络转变，持续提高变电站、中压线路负荷转供能力。 （2）对于台风多发区域，根据当地灾害类型等实际情况，构建配电网生命线，保证向区域内重要电力用户持续供电。 （3）差异化提高配电网生命线的建设标准，对于一级及以上电力用户推荐采用电缆线路供电，有条件的区域上级电源追溯至少两个不同的 220kV 变电站，重要用户应同时配备自备应急电源，提高极端自然灾害条件下重要用户的供电保障能力
设备可靠	提升变电站防台能力	（1）沿海 50km 范围内的新建或整体改造的 110kV 变电站应采用全户内布置，220kV 变电站的配电装置应采用户内布置；50km 之外的推荐采用前述布置。 （2）沿海易受台风影响地区，220kV 及以上变电站按百年一遇防洪（涝）标准设计；在台风后容易形成内涝区域、地势低洼区域新建的 110kV 及以下变电站按百年一遇防洪（涝）标准设计；为重要或高危用户（园区）供电的变电站，其防洪标准可提高一个防护等级或保留充分防洪裕度。 （3）台风频繁登陆区域（新中国成立以来登陆 5 次及以上），其输变电设备防污标准可提高一个防护等级。 （4）易受台风影响区域，新建 110kV 变电站采用电缆架空层布置，考虑排水坡度和排水井等排水措施。电缆架空层做法类似电缆层做法，底板采用防水混凝土板，四周采用钢筋混凝土墙体，电缆出口处采用有效防水封堵，电缆沟内排水采用有组织排水汇集至集水井后统一排至站外。 （5）110kV 及以上变电站屋面防水等级设为Ⅰ级；配电装置楼墙排风口出风口设计为垂直向下排风式，以防止台风期间横风夹带雨水进入开关室。

续表

管理体系	具体措施	具 体 任 务
设备可靠	提升变电站防台能力	(6) 水淹特别严重的变电站进行整体改造提升。 (7) 针对抗短路能力不足的主变压器进行技术提升，对主变压器低压侧未实施或绝缘性能不佳的进行绝缘化改造。 (8) 变电站户外箱体密封、开关柜绝缘防潮性能不佳的变电站开展针对性提升。 (9) 对易水淹变电站的站用交直流电源馈线系统加装具备远程投退控制功能空气开关，在变电站失电情况下控制蓄电池储能消耗，便于快速恢复供电和防止蓄电池过量放电导致故障。对 220kV 变电站加装第三路站用电源，且不应取自本站作为唯一供电电源。 (10) 对易水淹变电站应开展排水设施补强，电缆架空层建议布置 2 个集水井，每个集水井采用一备一用排水泵，站内排水设施需有效接入周边市政设施，增加站内集水井的容积，增加排水泵的配置、增大排水泵的功率，畅通站内外排水通道，排水管道采用增强型 UPVC 管材料，室外强排的雨水泵集水池盖板设置可视化盖板或观察窗，便于检查。 (11) 对易水淹变电站应增设站内水位监测装置并接入变电站辅控系统，自动监测变电站及周边水位变化。 (12) 变电站应按照防汛防台要求配置齐全的防汛物资，包括潜水泵、线盘、应急灯、膨胀带、水带等。 (13) 易水淹变电站应将普通围墙改造为防洪墙，增设防水挡板或防洪闸门。 (14) 实施电缆沟、电缆层防水防渗漏改造，完善电缆沟防水封堵，从源头控制电缆沟积水隐患，各类建筑物电缆层进、出口防水防火封堵补强，建筑物屋面不能渗、漏水，110kV 及以上变电站屋面防水等级设为Ⅰ级，配电装置楼强排风口设计为垂直向下排风式，以防止台风期间横风夹带雨水进入开关室
	提升输电线路防台能力	(1) 新建线路应结合实地调查研究及附近线路运行经验，合理提高设计风速取值。风区图未考虑沿海山区风速加强作用的地区，除特高压线路外，位于沿海 10km 以内高山分水岭、垭口、峡谷风道、地形抬升等微地形、微气象的塔位在设计风速基础上可增加 10%，大于 10km 的高山分水岭、垭口、峡谷风道、地形抬升等微地形、微气象的塔位在设计风速基础上可增加 5%。台风频繁登陆区域（新中国成立以来登陆 5 次及以上），220kV 及以下新建线路可提高建设标准，基本设计风速从 30 年一遇提高到 50 年一遇。 (2) 新建线路应校核相邻线路之间、导线与杆塔之间、导线与地线之间的风偏安全距离，防止风偏故障。 (3) 500kV 及以下杆塔按最大设计风速的 1.3 倍校核跳线风偏间隙。110～220kV 输电线路跳线串宜采用防风偏复合绝缘子。110kV 线路和位于 31m/s 及以上风区的 220kV 及以上线路：大于 40°转角塔的外侧跳线宜采用双跳线串；20～40°转角塔的外侧宜采用单跳线串；小于 20°转角塔，两侧均应加挂单串跳线串。对于单回路干字型塔中相应采用双绝缘子串加支撑管方式固定。 (4) 沿海 50km 内的新建线路加装分布式故障诊断装置，偏远山区的微地形、微气象区域的杆塔可加装视频监测装置。 (5) 梳理沿海 50km 以内线路，按现行设计规范标准复核杆塔结构，特别是易受台风登陆区域的线路，必要时可按稀有风速条件进行验算，对验算校核结果不满足抗风能力要求的杆塔采取局部补强加固或新建改造措施，提升线路防风性能。针对沿海 50km 以内的线路，在每次台风来临前重点开展线路通道隐患排查及治理工作。 (6) 排查 7725、7727、7812、7813、67 TD 等 5 种薄弱塔型杆塔清单，优先考虑开展不停电局部补强加固；若局部补强仍无法满足所处风区抗风能力要求，则采取新建改造措施。梳理在 2011 年之前建设且位于 31m/s 及以上风区范围内的 110kV 和位于 33m/s 及以上风区范围内的 220kV 杆塔塔型，进行抗风能力校核。对校核应力超限的杆塔，采用差异化的改造补强策略；若局部补强仍无法满足所处风区抗风能力要求，则采取新建改造措施。 (7) 排查上山线路出现耐张绝缘子倒挂布置导致跳线较长情况的杆塔，校核跳线在上抬风力作用下对塔身的安全距离，对安全距离不满足运行要求的杆塔制定专项整治方案。

续表

管理体系	具体措施	具体任务
设备可靠	提升输电线路防台能力	梳理历史曾发生跳线风偏故障的杆塔，根据《国家电网有限公司加强电网防台抗台工作二十五项措施》第五条内容制定并落实整治措施。委托专业设计院所对在运的500kV及以上电压等级线路进行全线杆塔风偏校核并针对校核结果不满足运行要求的杆塔制定整治方案，优先开展整治。 （8）梳理历史曾发生导线风偏故障的杆塔，采取加装重锤或横担式绝缘子等改造措施针对性提升防风性能。开展对应风区下导线对塔身的最大风偏距离校核，针对校核结果不满足安全运行要求的杆塔采取加装重锤或横担式绝缘子等改造措施。 （9）排查采用钢绞线且运行年限超20年的，或者出现断股、磨损和严重锈蚀的地线区段，优先落实更换为铝包钢绞线。梳理采用钢绞线的地线区段清单，在日常运维中加强巡查，重点关注线夹处锈蚀、磨损情况，根据损伤程度制定更换优先级，后续更换为铝包钢绞线。 （10）梳理沿海50km内未加装分布式故障诊断装置的在运线路，结合停电计划优先进行加装。梳理偏远山区的微地形、微气象区域的杆塔，加装视频监测装置。针对已安装的各类监测装置，注意日常维护，及时修复故障装置，确保监测设备正常运行
	提升配电设备防台能力	（1）台风频繁登陆区域（新中国成立以来登陆5次及以上），配网10kV及以下线路设计最大风速提高到50年一遇。 （2）对于35m/s及以上风区，架空线路耐张段不宜超过500m，线路终端杆及转角杆采用钢管杆，直线杆平均4个档距插立一基钢管杆，钢管杆总占比应大于25%；其中40m/s及以上风区架空线路耐张段不宜超过350m，按风速带差异化提升钢管杆比例。对于30～35m/s风区，架空线路耐张段不宜超过500m，线路终端杆及转角杆采用钢管杆，直线杆平均5个档距插立一基钢管杆，钢管杆总占比应大于20%。 （3）基础施工：浇筑用混凝土应采用机械搅拌、振捣，浇筑后应在12h内开展浇水养护，对普通硅酸盐和矿渣硅酸盐水泥拌制的混凝土养护不得少于7天，含添加剂的混凝土养护不得少于14天。立杆施工：下卡盘采用吊盘法，上卡盘采用滑盘法；在水田或软泥地质的地段组立电杆时，应以碎石加细沙进行回填，对于特别松软的地质，应加装水泥沉台或采用电杆桩基础。设备安装：10kV线路导线固定应采用双十字绑扎法，0.4kV线路导线固定应采用单十字绑扎法，绑线直径不应小于2.5mm。 （4）对杆头设备中连接部分及设备安装情况等开展无人机验收把关，提升施工工艺的标准化程度。配电变压器台架变压器安装槽钢对地距离应保持3.4m以上。 （5）严禁住宅小区环网室、配电房设置在地下室，配电站房站址标高及新装低压分接箱和表箱安装高度应高于50年一遇洪水水位和历史最高内涝水位；对于历史最高内涝水位较高地区，户外箱式变电站、环网箱基础无法抬升至50年一遇洪水水位和历史最高内涝水位以上的地势低洼地区，应采用配电变台、配电室、环网室，必要时将配电室或环网室设置于地上二层。 （6）户内设备选型：配电站房内中压开关柜采用气体绝缘开关柜；箱体防护等级应采用IP67，在易受台风影响地区，推荐采用IP68及以上。 （7）重要用户：在35m/s及以上风区开展分布式电源应用，推进关键台区快速插拔头JP柜应用，结合中低压发电车、发电机及储能车等装备，探索同期并网复电方式，构建极端灾害情况下配电网自愈模型。 （8）在沿海35m/s及以上风区，开展架空、电缆线路配电自动化全覆盖建设，实现架空、电缆线路故障智能精细研判，故障就地精细隔离，达成“有故障即有研判”“有停电即可精细隔离”。 （9）易内涝220kV及以下站点的通信机房及通信电源机房应设置于二楼及以上。 （10）沿海50km内110kV及以上站点的电源供电系统应满足通信负荷放电时间不小于8h。 （11）县调大楼及220kV集控站应具备3条及以上可靠路由（可靠路由为全程OPGW光缆或管道光缆组织的路由）接入地市骨干传输网。沿海50km以内110kV及以上现有通信站点，光缆线路应采用加固补强措施或新建改造路由等方式，确保有1条及以上可靠路由（可靠路由为全程OPGW光缆或管道光缆组织的路由）接入地市骨干传输网

续表

管理体系	具体措施	具 体 任 务
运维管理	提升输电线路运维能力	（1）配置充足的输电线路巡视无人机、在线监测装置等装置，沿海重要线路做到分布式故障定位装置全覆盖。 （2）对沿海重要线路开展精细化巡视，特别针对沿海强风区、历年受灾线路、重要线路走廊等区域，重点检查线路走廊周围易漂浮物、超高树木、大跨越弧垂等。开展薄弱杆塔拉线紧固，拉线棒检查等工作。 （3）定期开展三跨线路登杆检查，线路红外测温工作，特别检查地线线夹金具以及导线引流板发热情况，及时消除发现的热缺陷，增强线路抵抗台风能力。 （4）对沿海线路跳线按设计风速1.3倍校核风偏间隙，重要线路耐张塔两侧加防风偏绝缘子。其余线路按照耐张塔转角大于40°外角侧装双串，20°～40°外角侧装单串，20°以下两侧都装的原则安装固定式防风偏绝缘子。 （5）开展设备主人＋属地化协助巡视，建立设备主人与属地联系方式，加强所负责线路的联系。 （6）加强沿海10km以内高山分水岭、垭口、峡谷风道、地形抬升等微地形微气象、地质不稳定等区域隐患排查，严防倒塔事故发生
	细化变电站所防台措施	（1）对于巡视发现的问题，应及时消缺；对不能及时消缺的问题，制定长效管控机制。 （2）落实隐患闭环管理，线下临时简易房、广告牌、大棚等影响线路安全运行的跨越物的检查与处置，同时加强与属地公司、政府相关部门联系，及时掌握线路周围环境变化。 （3）对枢纽变电站、低洼变电站、重要或高危用户（园区）供电的变电站，提前做好现场挡水、排涝设施的布置。 （4）做好台风来临前在建工程的安全把控和临时防台措施
	加强配网综合运维管理	（1）根据50年一遇风区图，梳理位于大于35m/s风区线路清单，并根据线路长度、地形情况，制定相应的巡视计划表，开展线路差异化巡视，重点针对沿海强风区、历年受灾线路、重要线路走廊周边易漂浮物及超高树木（特别是风偏树木）、杆塔及拉线（含基础）隐患，针对可能发生的灾害开展线路走廊清理及加固等工作；检查跨越江河处导线的弧垂，应满足最高洪水位安全要求；检查电缆隧道渗、漏水情况及排水设施。 （2）针对树线矛盾突出以及防风能力不足线路，开展线路通道清理及加固等工作。 （3）定期开展三跨线路登杆检查和线路红外测温工作，对历年台风故障线路进行全面梳理，在塔基周围开挖排水沟或疏导塔排水系统；开展薄弱杆塔拉线紧固、拉线棒检查等工作，增强线路抵抗台风能力。 （4）及时拆除运行线路保护区内的已退役杆塔，检查保护区内是否有超高临时建筑物和树竹，减少线路在大风情况下发生导线风偏跳闸的概率。 （5）加强在线监测、台风监测等各类智能监测装置及设备的维护、保护，提高故障诊断及监测水平。检查保养无人机等辅助巡视设备，提升灾后巡视速度，为随后检修提供支撑
	开展防台自查整改提升	（1）核查防汛防台预案是否完备，各部门、各专业、各岗位防台任务清单的具体性、实际性、可行性。 （2）核查实地现场的防台措施是否到位，以及防风拉装设情况、变电站周边异物处理情况等。 （3）核查日常设备台账的完整性、准确性，做到图数一致、一线一图方案；台风登陆前，相关线路纸质图纸做好准备。 （4）检查信息系统、通信线路运行，以及应急指挥中心的安全保障情况，应急状态下网络信息工作，确保应急状态时提供可靠的信息平台。对应急指挥中心电脑、显示器进行更新；软件管理上，常用网址调度控制系统、供服、四区、营销系统能正常开启。 （5）评估防汛防台物资储备、转运能力，检查应急处置所需的备品备件、抢修工器具、通信交通等各类装备和抢险物资是否配备。

续表

管理体系	具体措施	具体任务
运维管理	开展防台自查整改提升	（6）梳理应急指挥中心指挥体系，建立分指挥中心专业分组，优化信息统计工作流程及人员配置，利用好信息系统开展电网运行信息和电网设备受损信息的报送。各基层站所单位根据本部门实际情况制定部门细化应急预案，领导有主有备，班组分工明确，建立统筹协调的团队合作模式。 （7）打造信息化、智能化的应急指挥中心，强化技术支持。 （8）编制人员培训计划，每年分批轮训，轮训内容涵盖各类生产系统的使用，规章制度学习，抢修技术能力提高等，提升基础业务能力。建立防台任务清单，对关键岗位、关键阶段的工作任务逐一梳理，定期组织更新学习
应急保障	提升公司应急管理能力	（1）编制《防汛防台应急工作指南》，包括响应分级、组织指挥工作流程和应急响应工作流程、防汛防台应急工作表。 （2）落实各级防台抗台岗位责任制，强化应急管理体系建设。以公司主要行政负责人为第一责任人，以部门责任制、岗位责任制为重点的防台抗台责任体系
	增强电网应急支援力量	（1）建立应急抢修期间跨市支援调配机制。建立“一市帮一县、一县帮一所”对口支援机制，编制《电网设备应急抢修支援调配方案》，明确支援单位和受援单位工作要求。 （2）建立变电运维应急支援机制，定期安排低风险地区变电运维人员到高风险重要变电站（枢纽变电站、重要用户变电站、台风登陆区域变电站、易遭受水害变电站）进行应急值守，提前熟悉支援场站设备。 （3）强化应急抢修队伍建设，定期开展各层级各类的防台应急预案演练，提升应急抢修队伍对支援对象，装置设备的熟练度
	强化应急资源差异化调配	（1）根据历史台风受灾情况、风区图以及台风走势对各县市进行灾情风险评估，形成台风风险评估报告，明确重点易受台风影响区域和设备范围，提前评估可能停电的输变配电设备，精准分析风雨对电网设备的影响，提出可能需要受援的单位及大概需要受援的力量。 （2）建立防台仓储配备台账，按照“分级储备、差异配置、满足急需”的原则，完成防台抗台物资和装备储备差异化分配，防台抗台物资定额应充分考虑不同层级、设备规模、人员数量、地理环境、气候特点的差异，以及必要的生活物资和医药储备。 （3）通过防汛防台各项物资及应急人员情况统计表，汇总各单位输变配各类人员、应急抢修队伍、发电车、排水车、冲锋舟、潜水泵、应急照明灯、通信设备等应急人员及装备配置，根据各地区台风风险评估报告进行预分配。 （4）建立移动应急储备包制度。将常用应急抢修物资模块化储备，根据路径预测，提前布置到抢修前线，缩短应急物资配送时间。 （5）建立应急供应保障“一事一卡一流程”制度。统一应急事件物资信息发送、报备模板，统一应急物资供应保障流程，制定标准化操作指导卡，提升应急保障响应速度
	强化电网应急保障能力	（1）完善应急指挥中心信息管理平台功能。直观展示具体故障以及电力恢复情况，为抢修指挥提供技术支撑。 （2）强化供电服务支撑力量。启动市县两级 95598 工单处理互备机制、市内县与县 95598 工单处理互备机制、地市 95598 工单处理互备机制，确保特殊时期工单正常流转。 （3）开展重要服务事项报备，提前向国网客服中心南方分中心汇报台风预测信息，做好申请启动大话务的准备工作及在途工单的处理应对。 （4）及时梳理催办工单，准确定位其中服务问题易发工单，开展主动服务，有效降低投诉及舆情风险。 （5）与市、县防指等政府部门建立沟通协调机制，做好政府防汛突发事件处置办公室信息报送工作。 （6）开通市、县防指应急指挥平台电力系统相关权限。公司可以通过该平台提交需要相关部门整改配合的需求事项，通过市防指名义下发流程到各相关部门、区市、乡镇街

续表

管理体系	具体措施	具 体 任 务
应急保障	强化电网应急保障能力	道等，利用政府力量开展政策处理，联合清理临近电力设施保护范围内的违章建筑，及时消除电网隐患。 （7）启动与政府部门应急联动机制，与政府防汛指挥部对接，协调市政、交通、林业、公安、消防等单位，为电力抢修开辟“绿色通道”

第二节 第一批标准示范网格2021年台风影响与故障分析

一、 2021年台风“烟花”“灿都”影响概况

台风“烟花”于2021年7月18日形成，7月25日12：30登陆浙江省舟山普陀区，7月26日9时50分前后在嘉兴市平湖沿海二次登陆。台风影响期间（7月24日至27日），温州市阴有阵雨，沿海海面及内陆高山地区偏北风8～10级。

受“烟花”影响，台风期间第一批50个标准示范网格共发生停电27条·次，其中由台风直接造成的有12条·次，分别是瑞安马屿网格7条·次、瑞安里学网格2条·次、乐清磐石网格2条·次和永嘉鹤盛网格1条·次，共涉及停电公用变压器数234台，停电专用变压器数118台，见表5-2。

表5-2 第一批50个标准示范网格在台风“烟花”期间停电情况

网格	停电（条·次）	损失时户数	平均复电时长（分钟）	停电公用变压器数	停电专用变压器数	受 损 线 路
乐清磐石网格	2	54.623	175.26	21	11	油车Y189线、高岙Y806线
永嘉鹤盛网格	1	63.677	28.55	101	56	西坑L922线
瑞安马屿网格	7	226.506	128.88	100	26	曹村F325线、篁社F327线、江浦F328线、马屿F321线、双甲F320线、教育863线、马北862线
瑞安里学网格	2	104.171	186.21	12	25	联明F444线，繁里F409线

台风“灿都”于2021年9月12日晚上由超强台风减弱为强台风，13日上午强度逐渐减弱，并未对温州市产生较大影响。第一批50个标准示范网格无发生因台风“灿都”引起的停电事件。

二、网格故障分析

（一）乐清磐石网格

故障原因：台风“烟花”导致沈岙Y813线与高岙Y806线的联络开关跳线断落（高岙Y806线后潘支线36-11号杆，沈岙Y813线65-5号杆，瑞里Y811线39-5号杆、

油车 Y189 线 43－11 号杆同杆），需更换真空开关，导致停电发生。

故障分析：此次停电故障暴露出问题：一是油车 Y189 线和高岙 Y806 线均为非标准化网架，联络开关位于分支线上，联络开关设置过多；二是日常运维不够精细，对于缺陷处理不够积极，没有做到防微杜渐；三是大桥变电站无法实现全转全停，台风天气下供电可靠性低。

解决方案：针对上述故障，结合“一格一策”中的差异化提升措施，一是完善大桥变电站负荷转供方案，及时完成缺陷治理；二是加强现场施工管控，着重把关在耐张、跳线等电气连接点的施工质量；三是加强运维人员的技能训练，开展配电线路隐患排查；四是增配发电设备，在停电抢修时保障低压居民用户用电，以减少停电时户数影响。

（二）永嘉鹤盛网格

故障原因：台风“烟花”导致高山区域大树倒线，引起西坑 L922 线停电，夜间抢修难度大，复电时间长。

故障分析：鹤盛网格属典型山区地貌，交通可靠性低，运维难度大，设备、线路投运时间较早，自动化率不高。此次故障线路投运时间较早，其抗风属性差，且山区线路交通不便，导致复电时间增加。

解决方案：针对上述故障，结合“一格一策”中的差异化提升措施，目前安排 3 项配网联络工程计划，建成后将提升网格负荷转供能力。同时加强对线路及设备的巡视消缺，通过分小队驻点、无人机机手等方法，提高应急保障能力。

（三）瑞安马屿网格

故障原因：受台风“烟花”影响，110kV 马屿变电站教育 863 线、马北 862 线（双回）与 110kV 蕉坑变电站马屿 F321 线、双甲 F320 线 58 号杆（双回）联络杆悬式绝缘子破碎；110kV 蕉坑变电站江浦 F328 线、篁社 F327 线、曹村 F325 线（四回）41 号杆上的真空开关出现闪络痕迹。

故障分析：本次停电为曹村 F325 线 41 号杆真空开关，年限久远，受台风影响绝缘受损击穿，需更换真空开关，导致同杆架设陪停。110kV 马屿变教育 863 线、马北 862 线（双回）与 110kV 蕉坑变马屿 F321 线、双甲 F320 线 58 号杆（双回）联络杆悬式绝缘子因恶劣天气导致破碎。

解决方案：针对上述故障，结合“一格一策”中的差异化提升措施，一是加强老旧线路的巡视，清除树障，对线路杆塔加装防风拉线，开展老旧线路设备的改造升级；二是针对网格内风口处架空线路进行适当的改造，补充钢管杆，增强抗风能力；三是按计划开展新国光悬式绝缘子更换工作。

（四）瑞安里学网格

故障原因：受台风“烟花”影响，联明 F444 线 28 号杆柱式瓷瓶绝缘子出现破损现象；繁里 F409 线 17 号杆 F5134 开关进线侧引线被风刮断，导致该线路停电。

故障分析：本次停电因恶劣天气影响，繁里 F409 线 17 号杆分段 F5134 开关进线侧 B 相导线脱落。联明 F444 线 28 号杆柱式瓷瓶绝缘子破损，引发故障跳闸。故障暴露出问题：日常运维不够精细，对于缺陷处理不够积极，没有做到防微杜渐；抗风能力有所欠缺，部分架空线路无法满足抗风要求。

解决方案：针对上述故障，结合“一格一策”中的差异化提升措施，一是开展对辖区各小区配电房设备安全隐患排查整治工作，切实做好防抗的各项准备；二是提高自动化有效覆盖率及自愈占比，按计划开展老旧线路设备的改造升级工作。

三、结论

第一批50个高弹性电网防台抗灾标准示范网格在2021年台风“烟花”“灿都”期间运行良好，总体具备较强的抵御台风能力，符合第一批标准示范网格的验收质量。乐清磐石等4个网格在台风期间发生停电故障，暴露出的问题需引以重视，下阶段需持续加强台风补强工作：一是以台风期间暴露出的问题为导向，重点核查已验收的50个标准示范网格，以考核推动项目实施进度、工程建设质量和管理措施执行；二是在今年年底前完成剩余50个标准网格的验收工作，以点带面发挥示范引领作用，实现管理提升与项目提升双轮驱动，完成电网防汛抗台的总体要求；三是根据公司领导“三标准两平台一中心”工作要求，进一步完善评价标准、技术标准和复电标准，切实提升电网的安全可靠水平和台风灾害条件下的24h复电率。

第三节 防台抗灾评价指标体系在浙江温州的试点应用

国网浙江省电力有限公司温州供电公司坚决贯彻落实省公司打造高弹性电网防台抗灾各项战略部署，以“三层三级四维”评价体系为指导，加快温州落地实践，在“334”评价结果的基础上，按照“一格一策”的方针提出弱项指标提升方案。同时，结合温州经济社会发展与电网实际状况，因地制宜，创新提出经济发展和灾情灾害2元系数对“334”体系评价结果进行提升方案优化排序筛选，精准提升防台抗台的8方面工作，形成省公司“334”评价体系在温州的落地实践-温州“1248”管控模式，目前已高质量完成178个网格评价打分，12个县市区提升分析专项报告。

一、上阶段工作回顾

（一）营造全员攻坚氛围

全面响应省公司工作部署，组织构建以主要领导为核心的专项工作领导小组（见图5-1），按照“走在前，做示范”的要求，形成全部门、全专业、全周期的工作体系，构建上下贯穿、横向协同的常规工作机制，关键节点明确到天，具体责任落实到人，工作进展情况双周一通报，提升公司内部高弹性电网防台抗灾建设各项工作的向心力和执行力。同时，加强与政府部门联动，通过12345政府服务热线等媒体窗口向公众积极宣传打造“不怕台风的电网”，彰显国网公司的社会责任担当，其中永嘉“打造不怕台风的智慧电网”案例在市政府《探路者》专刊上予以刊发（见图5-2），获得温州市委书记陈伟俊的批示表扬，目前已形成打造“不怕台风的电网”与政府部门齐抓共管的局面。

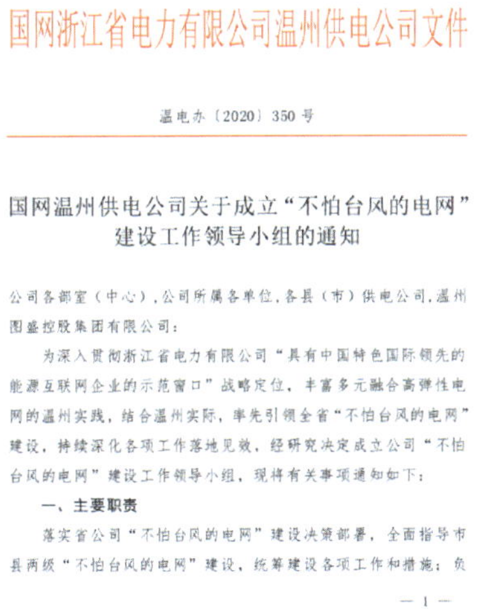

国网浙江省电力有限公司温州供电公司文件

温电办〔2020〕350号

国网温州供电公司关于成立“不怕台风的电网”建设工作领导小组的通知

公司各部室（中心），公司所属各单位，各县（市）供电公司，温州图盛控股集团有限公司：

为深入贯彻浙江省电力有限公司“具有中国特色国际领先的能源互联网企业的示范窗口”战略定位，丰富多元融合高弹性电网的温州实践，结合温州实际，率先引领全省“不怕台风的电网”建设，持续深化各项工作落地见效，经研究决定成立公司“不怕台风的电网”建设工作领导小组，现将有关事项通知如下：

一、主要职责

落实省公司“不怕台风的电网”建设决策部署，全面指导市县两级“不怕台风的电网”建设，统筹建设各项工作和措施；负

— 1 —

图5－1　成立工作领导小组

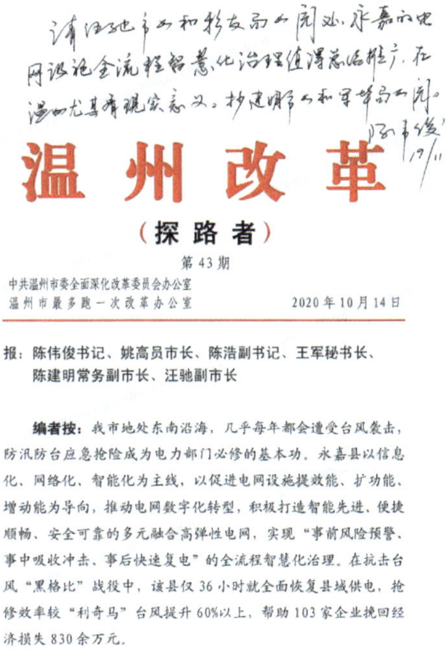

温州改革

（探路者）

第43期

中共温州市委全面深化改革委员会办公室
温州市最多跑一次改革办公室　　2020年10月14日

报：陈伟俊书记、姚高员市长、陈浩副书记、王军秘书长、陈建明常务副市长、汪驰副市长

编者按：我市地处东南沿海，几乎每年都会遭受台风袭击，防汛防台应急抢险成为电力部门必修的基本功。永嘉县以信息化、网络化、智能化为主线，以促进电网设施提效能、扩功能、增动能为导向，推动电网数字化转型，积极打造智能先进、便捷顺畅、安全可靠的多元融合高弹性电网，实现“事前风险预警、事中吸收冲击、事后快速复电”的全流程智慧化治理。在抗击台风“黑格比”战役中，该县仅36小时就全面恢复县域供电，抢修效率较“利奇马”台风提升60%以上，帮助103家企业挽回经济损失830余万元。

图5－2　市委主要领导批示肯定

（二）深化评价体系落地

基于高弹性电网防台抗灾“三层三级四维”指标评价体系全面开展温州地区供电网格防汛抗台能力综合评价，结合多元融合高弹性电网建设理念，“重管理，轻投资”，组织属地公司按照“一格一策、一县一示范”的方针编制“不怕台风的电网”建设专题分析研究报告，从薄弱网格、薄弱专业多个维度提出应对措施。评价过程中，组织专家组走访区县防风抗台一线，深入调研台风影响及应对策略，指导基层评价工作，确保打分结果不失真。评价完成后，开展全市12家县市区集中审查会议，逐个单位核实数据可靠，结合防风抗台一线员工的实践经验与评价体系之间的差异，修正指标评价结果，完善指标提升建议。图5－3和图5－4分别为永嘉公司打分调研会和平阳公司打分调研会。

图5－3　永嘉公司打分调研会

图5－4　平阳公司打分调研会

（三）强化电网新技术应用

积极开展高弹性电网防台抗灾建设的新技术、新方法应用研究。永嘉县率先取得极

端天气灾害下分布式自愈配电网试验的成功，实现了全省首套自研不间断供电智能并网系统装置的应用落地（见图 5－5）；乐清市开展分布式储能布点试点，建立泛乐清湾港高弹示范项目，增强极端灾害下，电网恢复供电能力（见图 5－6）；在瑞安探索以低频传输技术实现瑞安北麂岛与大陆主网的互联的研究。公司各层级积极探索新技术实践，利用新技术、新方法、新思路助力高弹性电网防台抗灾建设。

图 5－5　永嘉自适应并网装置实验现场

图 5－6　乐清分布式储能布点试点

（四）打造研究实践中心

以“两个能源革命”和“不怕台风”为着力点，筹建“不怕台风的电网”研究实践中心，开展电网仿真计算、创新技术研究、综合成果展示等工作，重点研究解决台风灾害下的电网弹性不足、防灾能力差、网架不够坚强等问题，推动科研创新＋工程实践的双轮驱动。研究实践中心布局采用“1＋N”的模式拓展，即在市公司首先建立 1 个中心，各属地因地制宜建立 N 个特色分中心。目前，温州实践中心进入实施建设阶段，永嘉研究实践分中心完成揭牌运营（见图 5－7），乐清、平阳分中心正积极开展专题立项。同时谋划依托研究实践中心加强与科研院所联动，开展新材料应用、北斗通信、仿真模拟等电网防汛抗台前沿技术研究，逐步提升电网的承载能力和自愈能力，为打造“不怕台风的电网”赋能。

图 5－7　永嘉“不怕台风的电网”研究实践分中心挂牌

二、温州市评价结果与分析

（一）评价结果

根据省公司“334”评级体系，温州供电公司全面完成全域范围共计178个网格的评价打分，其结果基本符合目前工作实际，见图5-8。温州地区地处东南沿海，分区分布多在27～37m/s区间，近90%的网格属于重要防台区。根据“334”评价体系指标结果，以县域为单位，大致为三个梯队，第一梯队主要为鹿城、瓯海、龙湾，基本满足高弹性电网防台抗灾需求；第二梯队主要为瑞安、龙港、永嘉、泰顺、文成、乐清，通过相关措施完善可以基本达到高弹性电网防台抗灾建设要求；第三梯队主要为苍南、洞头、平阳，地处抗台一线，防汛抗台能力亟待提升。评分情况明细见表5-3。

图5-8　区县（市）达标区域分布

表5-3　　区县（市）“334”评分情况明细

县区	电网坚强	设备可靠	运维管理	应急保障	总分	防台区等级	是否达标
鹿城	16.51	25.64	26.05	16.34	84.54	重要防台区	是
龙湾	15.64	25.02	26.39	15.31	82.36	重要防台区	是
瓯海	13.79	26.17	26.01	17.82	83.79	重要防台区	是
乐清	11.13	18.34	21.4	18.3	69.17	重要防台区	否
永嘉	16.8	21.19	21.89	17.91	77.79	重要防台区	否
瑞安	14.02	23.64	26.4	16.5	80.56	重要防台区	是
平阳	15.1	18.08	20.25	14.67	68.1	重要防台区	否
苍南	14.24	16	21.15	17.75	69.14	重要防台区	否

续表

县区	电网坚强	设备可靠	运维管理	应急保障	总分	防台区等级	是否达标
龙港	11.86	20.21	27	20	79.07	重要防台区	否
泰顺	16.6	17.45	20.68	17.83	72.56	重要防台区	否
文成	16.06	13.35	23.69	16.71	69.81	重要防台区	否
洞头	16.47	19.34	21.24	11.19	68.24	重要防台区	否

（1）电网坚强指数部分，乐清、龙港、瓯海处于第三梯队，失分较多，主要原因为县域电网处于负荷增长较快阶段，网架构建不完全，另外秒级可中断负荷、灵活互动源储资源及黑启动电源配置容量等方面配置不足。建议第三梯队区域重点补强区域电网网架，提升抗灾能力，从电网整体保障供电可靠性。

（2）设备可靠指数部分，文成、苍南、泰顺处于第三梯队，失分较多，主要原因为输电线路方面原设计标准不满足抗台要求，配电线路方面钢管杆配比不足，抗风设计标准不达标。另外，配电自动化有效覆盖率、自愈率不足。供电可靠性极为薄弱，受台风等恶劣天气影响较大。

（3）运维管理指数部分，平阳、泰顺、苍南处于第三梯队，失分较多，主要原因为输电线路方面薄弱杆塔加固进程缓慢，配电线路方面隐患较多。

（4）应急保障指数方面，洞头、平阳、龙湾失分较多，主要原因是在强台风天气影响下，当发生大面积线路故障停电时，抢修人员配置比例略显不足，种类装备配置不齐全。

（二）存在的问题及对策

1. 问题

（1）基层防汛抗台工作缺乏体系运转，重项目投资、轻管理提升，目标网架、项目投资与工程建设等环节仍然存在偏差，缺乏系统性打造；

（2）存量问题清单难以短期解决，如偏远海岛的网架提升投资巨大，部分网格负荷转供困难等；

（3）评价体系指标设置仍存在局部优化空间，如应急抢修驻地防汛能力、机械化进场施工能力为实际抗台救灾的重要因素，可以增列对应指标，而应急抢修等管理指标主观因素强，打分结果差异性不大，存在细化提升空间。

2. 对策

（1）进一步统一思想，以多元融合的高弹性电网发展理念为指导，建立全公司部门的工作体系，协调推动；

（2）因地制宜，差异化提升不同网格的防汛抗台能力，以提升电网承载能力、自愈能力为核心，以管理提升为抓手，多管齐下，高效推进；

（3）以“全寿命周期、高质量发展、差异化防台”三个维度为纲要，应用大数据技术挖掘电网指标与台风防护关联程度，细化主观因素指标颗粒度，聚类同类指标，删除或调整相关度不强和操作性较低的指标，综合电网设备、网架、管理、恢复等多环节的指标分析，优化评价指标体系内的指标设置。

（三）下一步工作方案

1. 通过多元赋能，提升电网主动防御能力

以高弹性电网防台抗灾评价体系作为抓手，梳理防汛抗台薄弱环节，高弹性电网建设思路为引领，通过全业务提升，增强抗台减灾能力。技术元，提升主网线路抗风合格率，全面构建生命线，完善网架结构，提高负荷转供能力。设备元，提升配电网设备防台达标率，增强配网故障恢复能力；对重点变电站加装主动排水装置，灾情灾害严重区域因地制宜采用半户内或全户内变电站。数智元，科学动态提升设备输送能力，改善故障状态下转供瓶颈；有序提升灵活负荷占比，保障重要负荷供电。组织元，加强灾前准备，对已知隐患进行特巡、加固全覆盖，保障重要变电站有人值守，提高受灾损失预测准确率提升备件备品效率；做好灾后恢复，降低抢修响应时间、抢修首次复电时间、抢修复电时间。

2. 通过分层突破，打造高弹性电网防台抗灾示范区

以差异化防台为手段，以网格为点、县（区）为线、地市为面，形成以点带面，逐级突破，全面推动浙江高弹性电网防台抗灾建设。网格层，根据木桶效应，解决当前电网对防汛抗台工作的最短板即可快速提升防台减灾能力，通过高弹性电网防台抗灾差异化评价体系，对县（区）网格评价进行排序，作为防台电网建设轻重缓急的依据，重点攻关，打造高弹性电网防台抗灾网格示范区。县（区）层，强化网格示范区建设，总结建设管理经验向全域推广，由一到多，最终形成全覆盖，打造高弹性电网防台抗灾示范县（区）。地市层，加强引导高弹性电网防台抗灾建设工作，汇总提炼县（区）建设管理经验，树立标杆单位，形成示范区引领，全面推进高弹性电网防台抗灾建设。

3. 通过唤醒资源，加强用户侧供电恢复力

深入贯彻高弹性电网三个理念，利用新技术、新方法、新思路，积极盘活存量资源，通过感知电网、网荷互动、政企合作，开创高弹性电网防台抗灾建设新局面。电网侧，建立电网运行弹性调控机制，调动设备、运行侧各类资源综合应用，提升系统异常恢复和极端情况下的生存能力，形成弹性纵深，抵御外部挤压。通过“万物感知”的物联新技术，实时采集电网运行状态数据，开展电网设备承载限额动态调整，提升灾害条件下运行电网设备的承载力。用户侧，建立电力供应柔性中断机制，积极完善高弹性电网的市场机制，不断聚合可调节负荷规模，在极端情况下，系统远程控制接入的柔性可中断负荷设备开关，实现负荷压减，减少源网侧供电压力，确保灾害条件下的电网有序恢复供电。社会侧，建立防台应急统筹调配机制，通过政企联动，整合社会资源，指挥体系密切协同、应急电源统一调度、救灾资源统筹分配，建立全地形、全天候、全功能、全要素的应急救灾保障体系，实现灾害条件下电力部门单一作战模式到政府牵头的协同作战模式的转变，提升电网恢复供电效率。

三、鹿城供电服务部评价分析情况

（一）电网概况

1. 区域概况

浙江省温州市鹿城区，位于浙江省东南部，是温州市人民政府的所在地，温州市的政治、经济、文化中心。鹿城依山面江，城中有山有水，享有“江城如画”的美誉。

鹿城供电服务部辖供电面积为 290.47km^2，为 A 类区域，总用户数为 35.5858 万户，现状负荷密度为 14.15MW/km^2。

主网方面，区内共有 110kV 变电站 25 座，主变压器容量共计 2536MVA，35kV 变电站 1 座，主变压器容量共计 32MVA。

“十四五”期间计划投运 3 座 110kV 变电站，变电容量 300MVA。藤五变：解决藤桥镇 35kV 变电站退役及未来藤桥镇和轻工园区的用电需求；双桥变：解决黄龙集新未来社区以及 5050 周边等地块的用电需求，提升广化双屿区域变电站全停全转能力；澄沙桥变：满足区域内负荷增长，提升仰义双屿区域变电站全停全转能力。

配网方面，鹿城供电服务部共管辖 18 个网格，公用 10kV 线路 540 回，10kV 线路全长 3594km，其中 10kV 电缆线路全长 2356km，公用变压器台数 4294 台，专用变压器台数 5701 台。

截止到 12 月 30 日，鹿城供电服务部发生故障 103 条・次，其中运维不当及设备老化造成停电 9 条・次，外力因素造成停电 11 条・次，用户因素造成停电 12 条・次，自然原因造成停电 51 条・次，安装不当造成停电 0 条・次，设备质量造成 1 条・次，其他原因 19 条・次。

2. 供电分区划分

以目标年规划的主供电源布点为基准，根据负荷情况，以地理特征、行政区域等为边界划分为 7 个供电分区，如表 5－4 所示。

表 5－4　　供电分区

序号	供电区域类型	供电分区名称	运行单位	线路规模	发展状况	供电范围
1	A	七都片区	七都供电所	8	C	七都岛全域
2	A	新城片区	新城供电所	107	B	新田园片区 上陡门片区 中央绿轴片区 CBD 中央商务区
3	A	禅街片区	禅街供电所	239	B	九山片区 五马片区 东门片区 马鞍池片区 东屿片区 下吕浦片区
4	A	双屿片区	双屿供电所	133	C	广化片区 双屿片区

续表

序号	供电区域类型	供电分区名称	运行单位	线路规模	发展状况	供电范围
5	A	仰义片区	仰义供电所	38	D	仰义片区 林里片区
6	B	藤桥片区	藤桥供电所	29	C	藤桥镇 上戍乡
7	B	山福片区	山福供电所	9	C	山福镇

3. 供电网格划分

按照国网设备部55号文的"配电网网格划分原则"，在供电分区内，按照变电站供区、网架结构、可靠性等要求，划分的管理界面清晰、具备电源点间一定转供能力的区域［城市配电网供电网格一般应具备2个及以上主供电源点，10（20）kV网架结构相对独立］。

在温州网格化规划的网格划分基础上，将服务部供电范围细分为18个供电网格，如表5-5所示。

表5-5　　供　电　网　格

序号	用电网格名称	用电网格编号	供区电压	供电分区	供电面积	发展状况	网格长
1	浙江省温州市鹿城分区七都网格	SBWZ_LC_01A	10kV	七都片区	12.91	C	吴敏
2	浙江省温州市鹿城分区CBD网格	SBWZ_LC_02A	10kV	新城片区	5.91	C	李泾
3	浙江省温州市鹿城分区新田园网格	SBWZ_LC_03A	10kV	新城片区	3.16	B	李泾
4	浙江省温州市鹿城分区上陡门网格	SBWZ_LC_04A	10kV	新城片区	5.19	B	李泾
5	浙江省温州市鹿城分区中央绿轴网格	SBWZ_LC_05A	10kV	新城片区	4.25	B	李泾
6	浙江省温州市鹿城分区东门网格	SBWZ_LC_06A	10kV	禅街片区	1.87	B	章国安
7	浙江省温州市鹿城分区五马网格	SBWZ_LC_07A	10kV	禅街片区	2.42	B	章国安
8	浙江省温州市鹿城分区九山网格	SBWZ_LC_08A	10kV	禅街片区	4.98	B	章国安
9	浙江省温州市鹿城分区马鞍池网格	SBWZ_LC_09A	10kV	禅街片区	3.21	A	章国安
10	浙江省温州市鹿城分区下吕浦网格	SBWZ_LC_10A	10kV	新城片区	6.07	B	李泾
11	浙江省温州市鹿城分区东屿网格	SBWZ_LC_11A	10kV	禅街片区	6.4	B	章国安
12	浙江省温州市鹿城分区广化网格	SBWZ_LC_12A	10kV	双屿片区	9.92	B	周林
13	浙江省温州市鹿城分区双屿网格	SBWZ_LC_13A	10kV	双屿片区	10.4	C	周林
14	浙江省温州市鹿城分区仰义网格	SBWZ_LC_14A	10kV	仰义片区	15.75	D	张立群
15	浙江省温州市鹿城分区林里网格	SBWZ_LC_15A	10kV	仰义片区	9.42	D	张立群
16	浙江省温州市鹿城分区上戍特色轻工园区网格	SBWZ_LC_16A	10kV	藤桥片区	12.53	B	王诚
17	浙江省温州市鹿城分区藤桥网格	SBWZ_LC_17A	10kV	藤桥片区	25.82	C	王诚
18	浙江省温州市鹿城分区临江网格	SBWZ_LC_18A	10kV	山福片区	35.58	C	黄小鹏

4. 历年台风受灾情况

2019年，受"利奇马"台风影响，鹿城16条10kV主线跳闸，7条10kV分支线跳闸，拉停10kV线路5条。倒杆2基，倾斜杆4基，停电台区147，停电户数11023户。

2020年8月3日，4号台风“黑格比”登陆乐清，中心最大风力达到17级，成为自2013年以来首个正面登陆温州的最强台风。受“黑格比”台风的影响，鹿城42条10kV主线跳闸，15条10kV分支线跳闸，拉停10kV线路18条。倒杆4基，倾斜杆7基，停电台区312，停电户数20419户。

（二）“4”维指数评价情况

1. 三级防台标准确定情况

按照三级防台标准细则确定各网格防台标准，形成全县三级防台标准网格分布图，见表5-6。

表5-6　三级防台标准确定情况

网格编号	网格名称	风力区域分布（60分）	受灾频次（20分）	历史洪水位与平均海拔差（20分）	三级防台标准总分	防台区等级
1	浙江省温州市鹿城分区七都网格	60	10	13.33	83.33	重点防台区
2	浙江省温州市鹿城分区CBD网格	60	10	13.33	83.33	重点防台区
3	浙江省温州市鹿城分区新田园网格	60	10	13.33	83.33	重点防台区
4	浙江省温州市鹿城分区上陡门网格	60	10	13.33	83.33	重点防台区
5	浙江省温州市鹿城分区中央绿轴网格	60	10	13.33	83.33	重点防台区
6	浙江省温州市鹿城分区东门网格	60	10	13.33	83.33	重点防台区
7	浙江省温州市鹿城分区五马网格	60	10	13.33	83.33	重点防台区
8	浙江省温州市鹿城分区九山网格	60	10	13.33	83.33	重点防台区
9	浙江省温州市鹿城分区马鞍池网格	60	10	13.33	83.33	重点防台区
10	浙江省温州市鹿城分区下吕浦网格	60	10	13.33	83.33	重点防台区
11	浙江省温州市鹿城分区东屿网格	60	10	13.33	83.33	重点防台区
12	浙江省温州市鹿城分区广化网格	60	10	13.33	83.33	重点防台区
13	浙江省温州市鹿城分区双屿网格	60	10	13.33	83.33	重点防台区
14	浙江省温州市鹿城分区仰义网格	60	10	13.33	83.33	重点防台区
15	浙江省温州市鹿城分区林里网格	60	10	13.33	83.33	重点防台区
16	浙江省温州市鹿城分区上戍特色轻工园区网格	60	10	13.33	83.33	重点防台区
17	浙江省温州市鹿城分区藤桥网格	60	10	13.33	83.33	重点防台区
18	浙江省温州市鹿城分区临江网格	60	10	13.33	83.33	重点防台区

2. 四维指数评价情况

根据高弹性电网防台抗灾三级防台标准判定，鹿城共有18个网格属于重点防台区，其中，12个基本达到重点防台区高弹性电网防台抗灾标准，6个网格尚未达到重点防台区高弹性电网防台抗灾标准。具体情况如表5-7所示。

表 5-7　　鹿城供电服务部四维指数评分情况表

编号	网格名称	电网坚强指数（20分）	设备可靠指数（30分）	运维管理指数（30分）	应急保障指数（20分）	总分	对应防台区达标情况
1	浙江省温州市鹿城分区七都网格	15.65	22	24.5	16.7	78.85	尚未达到
2	浙江省温州市鹿城分区CBD网格	17	25.56	29	17.5	89.06	基本达到
3	浙江省温州市鹿城分区新田园网格	16.68	24.71	28	17.5	86.89	基本达到
4	浙江省温州市鹿城分区上陡门网格	17	24	28	16.7	85.7	基本达到
5	浙江省温州市鹿城分区中央绿轴网格	17	26	29	17.5	89.5	基本达到
6	浙江省温州市鹿城分区东门网格	16	23.91	28	16.7	84.61	基本达到
7	浙江省温州市鹿城分区五马网格	17	24.97	28	17.7	87.67	基本达到
8	浙江省温州市鹿城分区九山网格	17	24.97	28	17.37	87.34	基本达到
9	浙江省温州市鹿城分区马鞍池网格	17.71	25.74	28	17.7	89.15	基本达到
10	浙江省温州市鹿城分区下吕浦网格	17	23.87	26	16.7	83.57	基本达到
11	浙江省温州市鹿城分区东屿网格	16.25	24.5	28	15.7	84.45	基本达到
12	浙江省温州市鹿城分区广化网格	15.47	22.08	27.1	16.7	81.35	基本达到
13	浙江省温州市鹿城分区双屿网格	13.75	20.9	27.1	16.7	78.45	尚未达到
14	浙江省温州市鹿城分区仰义网格	16.2	20.2	27.1	16.2	79.7	尚未达到
15	浙江省温州市鹿城分区林里网格	14	19	26	16.2	75.2	尚未达到
16	浙江省温州市鹿城分区上戍特色轻工园区网格	12.14	25.37	25.02	16.2	78.73	尚未达到
17	浙江省温州市鹿城分区藤桥网格	11.2	19.6	20.69	14.2	65.69	尚未达到
18	浙江省温州市鹿城分区临江网格	14.13	19.67	23.25	15.2	72.25	尚未达到

（1）电网坚强指数。

鹿城18个网格中，藤桥网格、上戍特色轻工园区网格、双屿网格、林里网格、临江网格、广化网格、七都网格电网坚强指数得分相对较低（低于总分的80%）。其中，七都网格位于瓯江，四面环江，其余几个网格地理位置均处于鹿城区西侧较为偏远地区，网架相对薄弱，架空线路占比较大，线路分段标准化程度较低，且有多条线路由于电力线路通道缺乏、变电站间联络不足等原因尚未通过 $N-1$。同时，由于线路网架建设相对薄弱，这几个网格中存在部分变电站无法实现全停全转，倒负荷能力较弱，中断、调节负荷速度较慢，从而导致电网坚强指数得分较低。坚强指数得分情况见表5-8。

表 5-8　　电网坚强指数得分情况

网格编号	网格名称	110（35）kV及以上网架坚强（6分）	中压配网网架坚强（14分）	合计（20分）
1	浙江省温州市鹿城分区七都网格	6	9.65	15.65
2	浙江省温州市鹿城分区CBD网格	6	11	17

续表

网格编号	网格名称	110（35）kV及以上网架坚强（6分）	中压配网网架坚强（14分）	合计（20分）
3	浙江省温州市鹿城分区新田园网格	6	10.68	16.68
4	浙江省温州市鹿城分区上陡门网格	6	11	17
5	浙江省温州市鹿城分区中央绿轴网格	6	11	17
6	浙江省温州市鹿城分区东门网格	6	10	16
7	浙江省温州市鹿城分区五马网格	6	11	17
8	浙江省温州市鹿城分区九山网格	6	11	17
9	浙江省温州市鹿城分区马鞍池网格	6	11.71	17.71
10	浙江省温州市鹿城分区下吕浦网格	6	11	17
11	浙江省温州市鹿城分区东屿网格	6	10.25	16.25
12	浙江省温州市鹿城分区广化网格	6	9.47	15.47
13	浙江省温州市鹿城分区双屿网格	6	7.75	13.75
14	浙江省温州市鹿城分区仰义网格	6	10.2	16.2
15	浙江省温州市鹿城分区林里网格	6	8	14
16	浙江省温州市鹿城分区上戍特色轻工园区网格	6	6.14	12.14
17	浙江省温州市鹿城分区藤桥网格	6	5.2	11.2
18	浙江省温州市鹿城分区临江网格	6	8.13	14.13

（2）设备可靠指数。

该项指数18个网格平均得分约为22分，但仍有林里网格、藤桥网格和临江网格设备可靠指数低于20分，分值较低的原因主要是这两个网格处于山区，多条10kV线路设计标准不满足现行所处风区，钢管杆比例不足，无法满足抗风标准。另外，山林较多、地区发展较落后等原因也导致这几个网格交通可靠指数偏低，老旧架空线路合规率较低，馈线自动化功能也没有及时投入，最终导致设备可靠指数评分低。设备可靠指数得分见表5-9。

表5-9　设备可靠指数得分情况

网格编号	网格名称	110（35）kV及以上线路抗风合格率（8分）	变电站可靠（8分）	配网线路达标率（14分）	合计（30分）
1	浙江省温州市鹿城分区七都网格	8	4	10	22
2	浙江省温州市鹿城分区CBD网格	8	6	11.56	25.56
3	浙江省温州市鹿城分区新田园网格	8	5	11.71	24.71
4	浙江省温州市鹿城分区上陡门网格	8	4	12	24
5	浙江省温州市鹿城分区中央绿轴网格	8	6	12	26
6	浙江省温州市鹿城分区东门网格	8	6	9.91	23.91

续表

网格编号	网格名称	110（35）kV及以上线路抗风合格率（8分）	变电站可靠（8分）	配网线路达标率（14分）	合计（30分）
7	浙江省温州市鹿城分区五马网格	8	6	10.97	24.97
8	浙江省温州市鹿城分区九山网格	8	6	10.97	24.97
9	浙江省温州市鹿城分区马鞍池网格	8	6	11.74	25.74
10	浙江省温州市鹿城分区下吕浦网格	8	4	11.87	23.87
11	浙江省温州市鹿城分区东屿网格	8	6	10.5	24.5
12	浙江省温州市鹿城分区广化网格	8	4	10.08	22.08
13	浙江省温州市鹿城分区双屿网格	8	4	8.9	20.9
14	浙江省温州市鹿城分区仰义网格	8	4	8.2	20.2
15	浙江省温州市鹿城分区林里网格	8	4	7	19
16	浙江省温州市鹿城分区上戍特色轻工园区网格	8	6.67	10.7	25.37
17	浙江省温州市鹿城分区藤桥网格	8	5	6.6	19.6
18	浙江省温州市鹿城分区临江网格	8	4	7.67	19.67

（3）运维管理指数。

运维管理指数中，各个网格变电隐患排查治理指数、输电隐患排查治理指数均为满分，而藤桥、临江、七都配电隐患排查治理指数、灾情监测覆盖指数得分较低，主要是因为这几个网格线路设备加固比例、老旧配网线路抗风整治率，以及配电线路通道整治率较低，且由于经济发展相对落后，线路分布式故障仪、变配电站水位监测及视频覆盖率较其他网格而言相对较低。运维管理指数得分见表5-10。

表5-10　　运维管理指数得分情况

编号	网格名称	变电隐患排查治理指数（7分）	输电隐患排查治理指数（7分）	配电隐患排查治理指数（10分）	灾情监测覆盖指数（6分）	合计（30分）
1	浙江省温州市鹿城分区七都网格	7	7	8.5	2	24.5
2	浙江省温州市鹿城分区CBD网格	7	7	10	5	29
3	浙江省温州市鹿城分区新田园网格	7	7	10	4	28
4	浙江省温州市鹿城分区上陡门网格	7	7	10	4	28
5	浙江省温州市鹿城分区中央绿轴网格	7	7	10	5	29
6	浙江省温州市鹿城分区东门网格	7	7	10	4	28
7	浙江省温州市鹿城分区五马网格	7	7	10	4	28
8	浙江省温州市鹿城分区九山网格	7	7	10	4	28
9	浙江省温州市鹿城分区马鞍池网格	7	7	10	4	28
10	浙江省温州市鹿城分区下吕浦网格	7	7	10	2	26

续表

编号	网格名称	变电隐患排查治理指数（7分）	输电隐患排查治理指数（7分）	配电隐患排查治理指数（10分）	灾情监测覆盖指数（6分）	合计（30分）
11	浙江省温州市鹿城分区东屿网格	7	7	10	4	28
12	浙江省温州市鹿城分区广化网格	7	7	9.1	4	27.1
13	浙江省温州市鹿城分区双屿网格	7	7	9.1	4	27.1
14	浙江省温州市鹿城分区仰义网格	7	7	9.1	4	27.1
15	浙江省温州市鹿城分区林里网格	7	7	10	2	26
16	浙江省温州市鹿城分区上戍特色轻工园区网格	7	7	9.02	2	25.02
17	浙江省温州市鹿城分区藤桥网格	7	7	4.69	2	20.69
18	浙江省温州市鹿城分区临江网格	7	7	7.25	2	23.25

（4）应急保障指数。

此项指数得分最低的3个网格（林里、藤桥、临江）均属于鹿城西片山区网格，由于山区地势的缺陷与交通不便利造成灾情普查全覆盖时长达标率和抢修恢复时长达标率两项指标得分低于其他网格。应急保障指数得分见表5-11。

表5-11　　应急保障指数得分情况

编号	网格名称	应急体系（2分）	人员保障（6分）	物资装备保障（4分）	安全保障（3分）	恢复速度（5分）	合计（20分）
1	浙江省温州市鹿城分区七都网格	2	5.2	1.5	3	5	16.7
2	浙江省温州市鹿城分区CBD网格	2	6	1.5	3	5	17.5
3	浙江省温州市鹿城分区新田园网格	2	6	1.5	3	5	17.5
4	浙江省温州市鹿城分区上陡门网格	2	5.2	1.5	3	5	16.7
5	浙江省温州市鹿城分区中央绿轴网格	2	6	1.5	3	5	17.5
6	浙江省温州市鹿城分区东门网格	2	5.2	1.5	3	5	16.7
7	浙江省温州市鹿城分区五马网格	2	5.2	2.5	3	5	17.7
8	浙江省温州市鹿城分区九山网格	2	5.2	2.17	3	5	17.37
9	浙江省温州市鹿城分区马鞍池网格	2	5.2	2.5	3	5	17.7
10	浙江省温州市鹿城分区下吕浦网格	2	5.2	1.5	3	5	16.7
11	浙江省温州市鹿城分区东屿网格	2	4.2	1.5	3	5	15.7
12	浙江省温州市鹿城分区广化网格	2	5.2	1.5	3	5	16.7
13	浙江省温州市鹿城分区双屿网格	2	5.2	1.5	3	5	16.7
14	浙江省温州市鹿城分区仰义网格	2	5.2	1	3	5	16.2
15	浙江省温州市鹿城分区林里网格	1	5	2	3	3	14
16	浙江省温州市鹿城分区上戍特色轻工园区网格	2	5.2	1	3	5	16.2

续表

编号	网格名称	应急体系（2分）	人员保障（6分）	物资装备保障（4分）	安全保障（3分）	恢复速度（5分）	合计（20分）
17	浙江省温州市鹿城分区藤桥网格	2	5.2	1	2	4	14.2
18	浙江省温州市鹿城分区临江网格	2	5.2	1	3	4	15.2

（三）"2"元系数评价情况

根据"262"指标计算方法（见表4－1）可知：标准示范区的网格有七都、中央绿轴、林里、上戍4个网格；重点攻坚区的网格有广化、双屿、仰义、藤桥4个网格；剩余的10个网格属于补强提升区，如表5－12所示。

表5－12　　鹿城供电服务部综合评估得分情况

网格编号	网格名称	四维指数得分	经济发展系数		灾情灾害系数		综合评估得分
			得分	系数X	得分	系数Y	
1	浙江省温州市鹿城分区七都网格	78.85	65.99	1.2	83.33	1	94.62
2	浙江省温州市鹿城分区CBD网格	89.06	88.83	1	83.33	1	89.06
3	浙江省温州市鹿城分区新田园网格	86.89	98.53	1	83.33	1	86.89
4	浙江省温州市鹿城分区上陡门网格	85.7	89.87	1	83.33	1	85.7
5	浙江省温州市鹿城分区中央绿轴网格	89.5	100	1	83.33	1	89.5
6	浙江省温州市鹿城分区东门网格	84.61	90	1	83.33	1	84.61
7	浙江省温州市鹿城分区五马网格	87.67	100	1	83.33	1	87.67
8	浙江省温州市鹿城分区九山网格	87.34	89.12	1	83.33	1	87.34
9	浙江省温州市鹿城分区马鞍池网格	89.15	90	1	83.33	1	89.15
10	浙江省温州市鹿城分区下吕浦网格	83.57	100	1	83.33	1	83.57
11	浙江省温州市鹿城分区东屿网格	84.45	85.32	1	83.33	1	84.45
12	浙江省温州市鹿城分区广化网格	81.35	98.4	1	83.33	1	81.35
13	浙江省温州市鹿城分区双屿网格	78.45	98.4	1	83.33	1	78.45
14	浙江省温州市鹿城分区仰义网格	79.7	96.04	1	83.33	1	79.7
15	浙江省温州市鹿城分区林里网格	75.2	60.35	1.2	83.33	1	90.24
16	浙江省温州市鹿城分区上戍特色轻工园区网格	78.73	80.54	1.2	83.33	1	94.476
17	浙江省温州市鹿城分区藤桥网格	65.69	65.43	1.2	83.33	1	78.828
18	浙江省温州市鹿城分区临江网格	72.25	61.36	1.2	83.33	1	86.7

（四）提升措施及成效分析

截至2021年，投入1161万元用于高弹性电网防台抗灾专项项目建设，占总投资额的12%。利用城网、大修项目资金更换部分钢管杆和铁杆，改造完成部分老旧隐患线路，改造完成部分户内外配电站房基础过低问题，并解决部分由于异物破坏导致的线路隐患问题，完全解决配电网台架安装不到位和自动化自愈问题，基本实现中心城区达到高弹性电网防台抗灾建设标准。

截至2022年，计划投入总投资额的20%用于高弹性电网防台抗灾专项项目建设。利用城网、大修项目资金更换部分钢管杆和铁杆，老旧隐患线路全部改造完成，改造完成部分户内外配电站房基础过低问题，并全部解决由于异物破坏导致的线路隐患问题，基本实现沿江区域达到高弹性电网防台抗灾建设标准。

截至2023年，计划投入总投资额的18%用于高弹性电网防台抗灾专项项目建设。利用城网、大修项目资金更换全部问题线路的钢管杆和铁杆，老旧隐患线路全部改造完成，抬高户内外配电站房基础，基础过低问题全部解决，基本实现高弹性电网防台抗灾建设。

所有网格通过提升后分数均能达到90分以上，重点防台区和次要防台区网格能全面达到高弹性电网防台抗灾建设要求，如图5-9和表5-13所示。

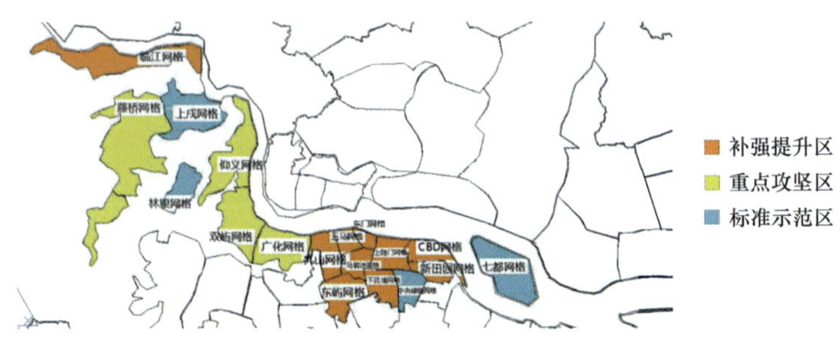

图5-9　鹿城供电服务部综合评估得分情况网格分布图

表5-13　　鹿城供电服务部四维指数提升情况表

网格编号	网格名称	电网坚强指数（20分）		设备可靠指数（30分）		运维管理指数（30分）		应急保障指数（20分）		总分	
		提升前	提升后	提升前	提升后	提升前	提升后	提升前	提升后	提升前	提升后
1	浙江省温州市鹿城分区七都网格	15.65	17	22	26	24.5	28	16.7	19	78.85	90
2	浙江省温州市鹿城分区CBD网格	17	17.5	25.56	27	29	29	17.5	18	89.06	91.5
3	浙江省温州市鹿城分区新田园网格	16.68	17.5	24.71	26	28	29	17.5	18	86.89	90.5
4	浙江省温州市鹿城分区上陡门网格	17	17.5	24	27	28	28	16.7	18	85.7	90.5
5	浙江省温州市鹿城分区中央绿轴网格	17	17.5	26	28	29	29	17.5	18	89.5	92.5
6	浙江省温州市鹿城分区东门网格	16	17	23.91	27	28	28	16.7	18	84.61	90
7	浙江省温州市鹿城分区五马网格	17	17.5	24.97	26.5	28	28	17.7	18	87.67	90
8	浙江省温州市鹿城分区九山网格	17	17.5	24.97	26.5	28	28	17.37	18	87.34	90
9	浙江省温州市鹿城分区马鞍池网格	17.71	18	25.74	26	28	28	17.7	18	89.15	90
10	浙江省温州市鹿城分区下吕浦网格	17	17.5	23.87	25.5	27	28	16.7	18	83.57	90
11	浙江省温州市鹿城分区东屿网格	16.25	17	24.5	27	28	29	15.7	17.5	84.45	90.5

续表

网格编号	网格名称	电网坚强指数（20分）		设备可靠指数（30分）		运维管理指数（30分）		应急保障指数（20分）		总分	
		提升前	提升后	提升前	提升后	提升前	提升后	提升前	提升后	提升前	提升后
12	浙江省温州市鹿城分区广化网格	15.47	17	22.08	25	29.1	28	16.7	18	81.35	90
13	浙江省温州市鹿城分区双屿网格	13.75	16	20.9	28.5	27.1	28	16.7	18	78.45	90.5
14	浙江省温州市鹿城分区仰义网格	16.2	17	20.2	27.5	27.1	28	16.2	18	79.7	90.5
15	浙江省温州市鹿城分区林里网格	14	16	24	24	26	28	16.2	18	75.2	91
16	浙江省温州市鹿城分区上戍特色轻工园区网格	12.14	15	27.37	27	26.02	27	16.2	18	78.73	90
17	浙江省温州市鹿城分区藤桥网格	11.2	17	19.6	27	20.69	27	14.2	17.5	65.69	90.5
18	浙江省温州市鹿城分区临江网格	14.13	17	19.67	27	23.25	27	15.2	17.5	73.58	90.5

（五）结论与建议

基于高弹性电网防台抗灾建设的“1248”理论支撑体系，梳理鹿城各网格得分后，可以看到鹿城西部区域网格普遍得分较低，基本在达标线以下，主要是因为西部配网架空线路较多，且西部变电站全停全转能力普遍较弱；东部区域网格配电线路以电缆为主，区域建设较为成熟，因此得分相对较高。为提升鹿城区高弹性电网防台抗灾建设总体成效，后续主要加强以下三方面的工作：

1. 发挥配电网规划引领作用

（1）编制《鹿城电力设施建设三年行动计划》上报区政府，获得区政府主要领导的高度肯定，联动区政府在2020—2022三年内由政府计划投入9.24亿元用于管线与“上改下”建设，提升高弹性电网防台抗灾水平。

（2）持续加强电网设备整治力度，2020年已完成九山、广化、双屿、上戍、藤桥、临江六个网格的规划修编工作。进一步深入细化网架提升方案，根据鹿城三年行动计划规划布局，计划2021年补强九山、广化、双屿网格的线路双环网，构建九山、广化、双屿网格目标网架，2021—2023配合主网建设上戍、藤桥、临江网格，实现网格内大部分线路实现$N-1$，提升高弹性电网防台抗灾水平。

（3）加强前期管理。按照“一月一可研”“一季一评审”“一年一回顾”，三年打造高弹性电网防台抗灾的建设要求，各供电所将日常运维中发现的短板及时上报城网、大修项目可研计划，不断滚动修正规划储备库；在2021—2023年计划完成可研初设一体化项目编制及评审高弹性电网防台抗灾项目30000万元，其中网架类、线路类项目占比60%以上。

2. 以点带面，示范区引导加码高弹性电网防台抗灾建设

鹿城供电服务部将在沿瓯江口打造防台示范带。使鹿城配网在台风等极端灾害天气下，应急、保供电能力得到提升。

（1）通过配置移动智能能源站，提升配电网特殊场景故障恢复能力、保证重要负荷供电可靠性、提升台区供电多元性，实现就地源、荷、储组网灵活性，满足配电多样化需求的有效手段。目前，应急供电系统多为柴油发电车、移动储能车，而柴油发电应急车启动时间长、效率低、负荷响应速度慢，移动储能车则是容量小、续航难。移动智慧能源站集成了移动储能系统、移动式供电、多级变流器组网、协同控制、多模式快速切换等核心技术，改变传统应急车与负荷一对一或多对一的供电模式，在极端灾害导致保护设备集中跳闸、大规模停电的情况下，就地接入现场分布式能源、快速组网，提升应对停电现场复杂工况的灵活性，进而提高应急供电效率与可靠性。

（2）通过分析配网台区特点，在薄弱环节配置台区手拉手混合微电网系统，一方面通过手拉手互联实现台区之间在故障、台风等极端自然条件下灵活转供能力，提升末端电网的刚性；另一方面末端源、网、荷、储通过交直流混合微电网实现多元融合，对各要素进行高效协同以提升末端系统的弹性。下一步计划：

1）实现沿瓯江口防台带中低压电网线路自动化建设，实现全电压等级的深度感知。

2）分析历年台风天气对瓯江口防台带的影响，结合台风前、台风时、台风后等不同时期的特点，找出薄弱环节和关键节点，结合示范带以点带面，加码建设形成电网抵御台风灾害的应对措施。

3）配网自动化主站系统建模。基于差异化的供电可靠性原则构建沿瓯江示范工程的抗灾型模型，充分考虑自然灾害的不确定性，结合区域历史灾害记录，提出不同灾害等级分布的多典型场景，形成多目标体系的数据建模，为将来应对台风侵害提供最优应对策略。

4）结合工程创新点（移动智慧能源站和柔直互联台区）对各种策略分析，差异化加固“瓯江口防台带”电网的部分组件，提高沿瓯江防台示范带的抗灾能力。

3. 配网设备基础运维能力提升

（1）加强配电设备运维管理，开展监察性巡视工作。推行基于设备主人制、台区经理制的设备全寿命管理模式，实施网格化、差异化精准运维，强化一线班组基础台账管理工作，明确低压台区的基础资料建档要求。借助配电设备巡检机器人、无人机、巡检App等智能化设备，构建人机协同运维新机制，提高人的工作效率。加强监察性巡视工作，提高生产一线运维人员技能。

（2）设备运维消缺闭环管理，在做好运维工作的基础上，强化巡视工作当中关于重要缺陷和紧急缺陷的消缺工作。及时组织施工单位上报检修物资需求和检修计划予以消缺，对每月巡视缺陷实施“挂牌制”，做好消缺检修“计划库”和“施工方案库”的编制留档，运检部专门组织力量跟进此事。

（3）加强设备信息化系统应用。PMS图数一致率达100%。设备完整性、规范性、及时性、准确性，以及相关业务完整性等均保持在100%。每月督促班组对PMS业务各项检修模块的应用，督促班组完成对巡检App、缺陷和实验报告等数据录入，及时整改不规范和未关联的巡视、消缺记录，以达到对配电运维检修检查的效果。

四、瓯海供电服务部评价分析情况

（一）电网概况

1. 电网概况

瓯海供电服务部划为 17 个网格，其中 A 类供区 16 个，B 类供区 1 个。公用 10kV 线路 409 回，10kV 线路全长 1673km。其中，10kV 电缆线路全长 651km，公用变压器 3555 台，专用变压器 5078 台。

截至 2020 年 9 月底，瓯海供电面积为 466km^2，总用户数为 30.69 万户。截至 11 月 30 日，瓯海供电服务部发生故障 164 条·次，其中运维不当及设备老化造成停电 69 条·次，外力因素造成停电 44 条·次，用户因素造成停电 18 条·次，自然原因造成停电 11 条·次，安装不当造成停电 9 条·次，设备质量造成停电 1 条·次，其他原因造成停电 12 条·次。

2. 历年台风受灾情况

2019 年 8 月台风“利奇马”于台州温岭市登陆，截至 13 日 12 时受台风影响，瓯海地区 10kV 线路停运 35 条，其中紧急拉停线路 2 条，停电台区 712 个，停电用户 14265 个。此次台风造成线路断线 11 处，长度达 0.9km；10kV 电缆故障 1 条，长度 1.5km；更换真空开关 8 台，变压器 5 台；出动抢修车辆 271 车·次，出动抢修人员 788 人·次。估计经济损失约 246 万，其中材料费约 200 万元、抢修人工费用 30 万元、抢修车辆费用 16 万元。

2020 年 8 月台风“黑格比”于温州乐清市登陆，截止到 6 日 12 点瓯海地区 10kV 线路停运 65 条，其中单相接地 4 条，负荷丢失 29 条，开关跳闸 28 条，紧急拉停 4 条。斜杆、倒杆、断杆 16 基，架空导线、电缆断线 28 处，利旧重架 12 处，变压器泡水、烧毁 6 台，真空开关烧毁 3 台，开关柜损失 5 面，估计设备损失 265 万元。

（二）“4”维指数评价情况

1. 三级防台标准确定情况

按照三级防台标准细则确定各网格防台标准，瓯海区 17 个网格均属于重点防台区，如表 5 - 14 所示。

表 5 - 14　　三级防台标准确定情况

网格编号	网格名称	供电区域划分（10 分）	50 年一遇基准风速风区（80 分）	历史受灾概率（10 分）	三级防台标准总分	防台区等级
B - A	生态园区网格	10	70	5	85	重点防台区
B - B	梧田网格	10	70	2.5	82.5	重点防台区
B - C	经开区网格	10	70	2.5	82.5	重点防台区
B - D	梧田新区网格	10	70	2.5	82.5	重点防台区
B - E	金竹网格	10	70	2.5	82.5	重点防台区
B - F	茶山高教园区网格	10	70	2.5	82.5	重点防台区

续表

网格编号	网格名称	供电区域划分（10分）	50年一遇基准风速风区（80分）	历史受灾概率（10分）	三级防台标准总分	防台区等级
B-G	丽岙网格	10	70	2.5	82.5	重点防台区
B-H	仙岩网格	10	70	2.5	82.5	重点防台区
B-I	景山新桥网格	10	70	2.5	82.5	重点防台区
B-J	中心区东网格	10	70	2.5	82.5	重点防台区
B-K	中心区西网格	10	70	2.5	82.5	重点防台区
B-La	高铁新城核心区网格	10	70	2.5	82.5	重点防台区
B-Lb	横屿网格	10	70	2.5	82.5	重点防台区
B-Lc	高铁货站网格	10	70	2.5	82.5	重点防台区
B-M	任桥网格	10	70	2.5	82.5	重点防台区
B-N	瞿溪网格	10	70	5	85	重点防台区
B-O	泽雅网格	8	70	5	83	重点防台区

2. 四维指数评价情况

瓯海区17个网格四维评价指数评价平均分84.8分，得分率84.8%，17个网格中有14个网格基本达到防台标准，还有3个网格尚未达到防台标准，分别未仙岩网格、瞿溪网格和泽雅网格。与其他网格的得分相对比，在电网坚强指数和设备可靠指数失分较多，造成这三个网格评分过低，如表5-15所示。

表5-15　　瓯海区四维指数评分情况表

网格编号	网格名称	电网坚强指数（20分）	设备可靠指数（30分）	运维管理指数（30分）	应急保障指数（20分）	总分	对应防台区达标情况
B-A	生态园区网格	14.71	27.04	26.56	19.50	87.81	基本达到
B-B	梧田网格	14.76	25.82	26.45	18.70	85.73	基本达到
B-C	经开区网格	15.67	27.72	26.23	18.70	88.32	基本达到
B-D	梧田新区网格	15.20	26.28	26.31	18.70	86.49	基本达到
B-E	金竹网格	13.05	26.59	25.82	18.70	84.16	基本达到
B-F	茶山高教园区网格	14.18	27.90	26.80	19.50	88.38	基本达到
B-G	丽岙网格	11.99	25.82	25.50	18.70	82.01	基本达到
B-H	仙岩网格	12.01	23.08	25.56	18.70	79.35	尚未达到
B-I	景山新桥网格	15.89	27.93	26.37	18.70	88.89	基本达到
B-J	中心区东网格	15.43	25.70	27.11	18.70	86.94	基本达到
B-K	中心区西网格	14.44	25.36	27.12	18.70	85.62	基本达到

续表

网格编号	网格名称	电网坚强指数（20分）	设备可靠指数（30分）	运维管理指数（30分）	应急保障指数（20分）	总分	对应防台区达标情况
B-La	高铁新城核心区网格	15.47	28.57	26.50	18.70	89.24	基本达到
B-Lb	横屿网格	15.09	28.42	26.25	18.70	88.46	基本达到
B-Lc	高铁货站网格	13.38	25.93	25.50	18.70	83.51	基本达到
B-M	任桥网格	12.66	26.61	24.56	18.70	82.53	基本达到
B-N	瞿溪网格	10.01	23.83	23.75	18.70	76.30	尚未达到
B-O	泽雅网格	10.50	22.27	25.83	19.20	77.81	尚未达到

（1）电网坚强指数。

在电网坚强指数方面，总分20分，各网格平均分13.79分，得分率68.95%，得分偏低。

从失分项看，灵活互动源储资源占重要负荷比例、黑启动配置容量比例这两项几乎没有得分。需加强定点储能、光伏电站及线路储能端口的建设，以弥补电网存在的缺陷和不足。10（20）kV非标准接线线路135条，占比32.84%，不合理分段线路83条，占比20.19%，110kV变电站负荷下级转供能力62.07%，后期需通过网架改造来提升相关指标。

从各个网格来看，瞿溪网格与泽雅网格在电网坚强指数得分方面较低，得分率仅50%左右，景山新桥网格与经开区网格在电网坚强指数得分方面较高，但还存在较大幅度的提升空间。现主要为较低分网格制定相应提升方案。

瞿溪网格近期结合110kV官庄变电站的出线来合理完善电网规划，完善网架结构，提高负荷转供能力。弥补现阶段新供区电网存在的薄弱环节，“十四五”期间结合110会市变电站布点，优化网架线路，提高标准接线率，合理分段，切实提高该网格的各项指标。

泽雅网格近期结合35kV泽雅变电站的增容改造工程，以及建立与瑞安、青田供电所的区外线路互联加强网架结构。“十四五”期间，结合110kV藤五变电站的布点，以及就地升压改造来提升区域供电能力不足等问题。

现阶段，服务部考虑在泽雅五凤垟片区做高弹性电网防台抗灾建设试点，在线路上建设发电车、储能车接入端口，预留车辆停车位，且7、8月台风高峰期停在五凤垟待命，并编写应急预案，一旦灾害发生，向区域内重要电力用户供电。

泽雅网格、瞿溪网格大部分线路位于山区，在规划过程中应加强对次生灾害、树线矛盾影响的综合考虑。在路径选择时，尽量避开已经发生过及可能发生洪水冲刷、泥石流、山体滑坡的区域，尽量与大型林木或高危构筑物保持一定距离，减少大面积断线倒杆现象的发生。坚强指数得分如表5-16所示。

表 5-16　　电网坚强指数得分情况

网格编号	网格名称	110（35）kV 及以上网架坚强（6 分）	中压配网网架坚强（14 分）	合计（20 分）
B-A	生态园区网格	6	8.71	14.71
B-B	梧田网格	6	8.76	14.76
B-C	经开区网格	6	9.67	15.67
B-D	梧田新区网格	6	9.20	15.20
B-E	金竹网格	6	7.05	13.05
B-F	茶山高教园区网格	6	8.18	14.18
B-G	丽岙网格	6	5.99	11.99
B-H	仙岩网格	6	6.01	12.01
B-I	景山新桥网格	6	9.89	15.89
B-J	中心区东网格	6	9.43	15.43
B-K	中心区西网格	6	8.44	14.44
B-La	高铁新城核心区网格	6	9.47	15.47
B-Lb	横屿网格	6	9.09	15.09
B-Lc	高铁货站网格	6	7.38	13.38
B-M	任桥网格	6	6.66	12.66
B-N	瞿溪网格	6	4.01	10.01
B-O	泽雅网格	6	4.50	10.50

（2）设备可靠指数。

在设备可靠指数方面，总分 30 分，各网格平均得分 26.17 分，得分率 87.23%。从失分项上看，配网线路达标率较低，主要体现在 10kV 抗风合格率、老旧架空线路合格率、工程质量合格率和自动化有效覆盖率上。

仙岩网格与泽雅网格在设备可靠指数方面得分较低，23 分左右；景山新桥网格与茶山高教园区网格在设备可靠指数方面得分较高。

泽雅网格位于山区，夏季需防风、防雷，冬季需防冰，这给该网格的规划提出相当高的要求。

1）通过以下手段提升线路抗风能力：①细化风区，提升设计精细化程度；②通过复核复校，提高杆塔抗倾覆能力；③根据土质条件，优化杆塔基础。

2）通过以下手段提升线路防雷击水平：①根据地闪密度、地貌、线路参数、负荷重要程度等，差异化确定架空线路防雷措施；②选用带脱落器的无间隙金属氧化物避雷器。

3）通过以下手段提升线路防冰能力：①细化冰区，提升设计精细化程度；②针对不同气象区开展差异化设计；③优化设计，提高线路抗冰能力。

设备可靠指数得分如表 5-17 所示。

表 5－17　　设备可靠指数得分情况

网格编号	网格名称	110（35）kV 及以上线路抗风合格率（8 分）	变电站可靠（8 分）	配网线路达标率（14 分）	合计（30 分）
B－A	生态园区网格	7.5	8	11.54	27.04
B－B	梧田网格	6.5	8	11.32	25.82
B－C	经开区网格	7.5	8	12.22	27.72
B－D	梧田新区网格	5.79	8	12.49	26.28
B－E	金竹网格	7.5	8	11.09	26.59
B－F	茶山高教园区网格	7.5	8	12.40	27.90
B－G	丽岙网格	7.25	8	10.57	25.82
B－H	仙岩网格	7.5	8	7.58	23.08
B－I	景山新桥网格	7.5	8	12.43	27.93
B－J	中心区东网格	5.5	8	12.20	25.70
B－K	中心区西网格	6.17	8	11.19	25.36
B－La	高铁新城核心区网格	7.5	8	13.07	28.57
B－Lb	横屿网格	7.5	8	12.92	28.42
B－Lc	高铁货站网格	6.93	8	11.00	25.93
B－M	任桥网格	6.5	8	12.11	26.61
B－N	瞿溪网格	6.5	8	9.33	23.83
B－O	泽雅网格	7.5	8	6.77	22.27

（3）运维管理指数。

在运维管理指数方面，总分 30 分，各网格平均得分 26.01 分，得分率 86.7%。从失分项看，配电隐患排查治理指数主要为配电线路通道整治率、配电设备加固比例失分较多；灾情监测覆盖指数则因未安装分布式故障诊断装置而扣分。

瞿溪网格在运维管理指数方面得分较低，服务部将提供相应技术手段来提高运维管理。

主要问题集中在新供区刚接收，排查出来的配电线路通道、配电设备缺陷较多，需要集中精力在线路消缺上下功夫，加强不停电作业，消缺线路通道以及设备隐患，切实提高运维管理指数。运维管理得分如表 5－18 所示。

表 5－18　　运维管理指数得分情况

网格编号	网格名称	变电隐患排查治理指数（7 分）	输电隐患排查治理指数（7 分）	配电隐患排查治理指数（10 分）	灾情监测覆盖指数（6 分）	合计（30 分）
B－A	生态园区网格	7	7	8.56	4	26.56
B－B	梧田网格	7	7	8.45	4	26.45
B－C	经开区网格	7	7	8.23	4	26.23

续表

网格编号	网格名称	变电隐患排查治理指数（7分）	输电隐患排查治理指数（7分）	配电隐患排查治理指数（10分）	灾情监测覆盖指数（6分）	合计（30分）
B-D	梧田新区网格	7	7	8.31	4	26.31
B-E	金竹网格	7	7	7.82	4	25.82
B-F	茶山高教园区网格	7	7	8.80	4	26.80
B-G	丽岙网格	7	7	7.50	4	25.50
B-H	仙岩网格	7	7	7.56	4	25.56
B-I	景山新桥网格	7	7	8.37	4	26.37
B-J	中心区东网格	7	7	9.11	4	27.11
B-K	中心区西网格	7	7	9.12	4	27.12
B-La	高铁新城核心区网格	7	7	8.50	4	26.50
B-Lb	横屿网格	7	7	8.25	4	26.25
B-Lc	高铁货站网格	7	7	7.50	4	25.50
B-M	任桥网格	7	7	6.56	4	24.56
B-N	瞿溪网格	7	7	5.75	4	23.75
B-O	泽雅网格	7	7	7.83	4	25.83

（4）应急保障指数。

在应急保障指数方面，总分20分，各网格平均得分18.82分，得分率94.1%，瓯海区应急保障指数相对得分较高，失分项主要集中在人员保障和物资装备保障上，需加强抢修人员的投入。另外，在物资调配上，需增加必备的应急物资，如对讲机、卫星电话等。应急保障得分如表5-19所示。

表5-19　　应急保障指数得分情况

网格编号	网格名称	应急体系（2分）	人员保障（6分）	物资装备保障（4分）	安全保障（3分）	恢复速度（5分）	合计（20分）
1	生态园区网格	2	6	3.5	3	5	19.50
2	梧田网格	2	5.2	3.5	3	5	18.70
3	经开区网格	2	5.2	3.5	3	5	18.70
4	梧田新区网格	2	5.2	3.5	3	5	18.70
5	金竹网格	2	5.2	3.5	3	5	18.70
6	茶山高教园区网格	2	6	3.5	3	5	19.50
7	丽岙网格	2	5.2	3.5	3	5	18.70
8	仙岩网格	2	5.2	3.5	3	5	18.70
9	景山新桥网格	2	5.2	3.5	3	5	18.70

续表

网格编号	网格名称	应急体系（2分）	人员保障（6分）	物资装备保障（4分）	安全保障（3分）	恢复速度（5分）	合计（20分）
10	中心区东网格	2	5.2	3.5	3	5	18.70
11	中心区西网格	2	5.2	3.5	3	5	18.70
12	高铁新城核心区网格	2	5.2	3.5	3	5	18.70
13	横屿网格	2	5.2	3.5	3	5	18.70
14	高铁货站网格	2	5.2	3.5	3	5	18.70
15	任桥网格	2	5.2	3.5	3	5	18.70
16	瞿溪网格	2	5.2	3.5	3	5	18.70
17	泽雅网格	2	5.2	4	3	5	19.20

（三）“2”元系数评价情况

根据各网格经济发展系数和灾情灾害系数得分，找出相应差异化系数，计算得出综合评估分，并对其进行“262”区间排序，瓯海供电服务部位于重点攻坚区的3个网格为任桥网格、中心区西网格和梧田网格（见图5-10）；位于标准示范区的网格为金竹网格、茶山高教园区网格和泽雅网格，其余网格均处于补强提升区，如表5-20所示。

表5-20　　瓯海区综合评估得分情况

网格编号	网格名称	四维指数得分	经济发展系数		灾情灾害系数		综合评估得分	“262”区间
			得分	系数X	得分	系数Y		
B-A	任桥网格	82.53	80.00	1	75	1.2	99.03	重点攻坚区
B-B	中心区西网格	85.62	90.00	1	70	1.2	102.74	重点攻坚区
B-C	梧田网格	85.73	80.00	1	75	1.2	102.87	重点攻坚区
B-D	梧田新区网格	86.49	80.00	1	75	1.2	103.79	补强提升区
B-E	中心区东网格	86.94	90.00	1	75	1.2	104.32	补强提升区
B-F	生态园区网格	87.81	74.86	1.2	80	1	105.37	补强提升区
B-G	经开区网格	88.32	80.00	1	75	1.2	105.98	补强提升区
B-H	横屿网格	88.46	80.00	1	75	1.2	106.15	补强提升区
B-I	景山新桥网格	88.89	90.00	1	78	1.2	106.67	补强提升区
B-J	高铁新城核心区网格	89.24	90.00	1	75	1.2	107.09	补强提升区
B-K	瞿溪网格	76.30	73.21	1.2	66	1.2	109.87	补强提升区
B-La	仙岩网格	79.35	76.82	1.2	75	1.2	114.27	补强提升区
B-Lb	丽岙网格	82.01	60.37	1.2	75	1.2	118.09	补强提升区
B-Lc	高铁货站网格	83.51	71.43	1.2	75	1.2	120.26	补强提升区
B-M	金竹网格	84.16	79.66	1.2	75	1.2	121.20	标准示范区
B-N	茶山高教园区网格	88.38	62.96	1.2	75	1.2	127.27	标准示范区
B-O	泽雅网格	77.81	51.61	1.3	46	1.3	131.50	标准示范区

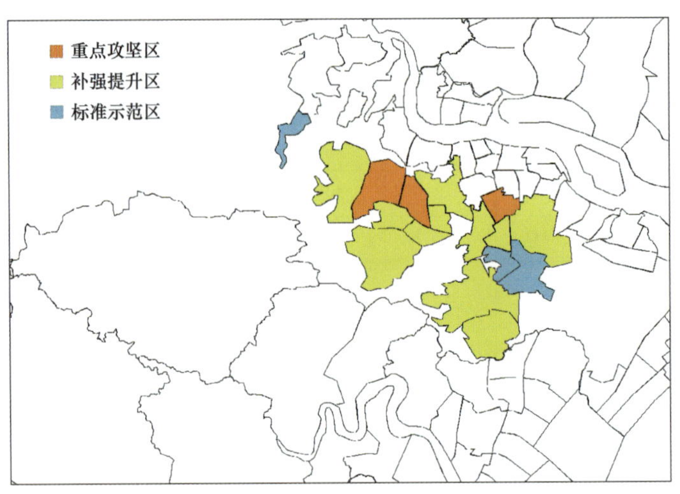

图 5-10　瓯海区综合评估得分情况网格分布图

（四）提升措施及成效分析

（1）在电网坚强指数方面，服务部结合目标网架，合理安排 110kV 梅屿变电站、龙舟变电站、会市变电站等出线方案，优化 37 组标准接线，加强 67 条线路分段，解除复杂联络线路 49 回，切实提升线路转供能力。逐一整治重载线路，利用瓯海 35 回轻载线路缓解 13 回重载线路，从而提高变电站的负荷转供水平。

在瓯海高新技术园区，开展智能电务，增加秒级可中断负荷比例，做到电网信息在园区普及。在泽雅五凤垟单元增加光伏、储能、水电等可靠电源接入比例提升和黑启动配置容量比例，线路上增设接口，确保应急发电车、储能车能第一时间接入保电。

（2）在设备可靠指数方面，服务部在大罗山科技带优化设计方案，使用标准物料，更换老旧电杆，加强施工队现场工程质量管理，力争达到防高强台风的目的。

（3）在运维管理指数方面，针对易受灾区域配电线路的通道加强整治；针对导线绑扎不到位、台架安装不到位、拉线装设不到位的设备重新进行加固，提升线路抗台水平。泽雅、茶山、仙岩山区增设临时抢修驻点，在夏季台风多发时段提前布局，缩短停电时间提高抢修效率。

（4）在应急保障指数方面，配备抢修人员，缩短线路抢修时长，增强台风期间的应急能力，按照装备配置标准，增加对装备的配备比例。提升情况如表 5-21 所示。

表 5-21　　瓯海区四维指数提升情况表

网格编号	网格名称	电网坚强指数（20分）		设备可靠指数（30分）		运维管理指数（30分）		应急保障指数（20分）		总分	
		提升前	提升后	提升前	提升后	提升前	提升后	提升前	提升后	提升前	提升后
B-A	生态园区网格	14.71	19	27.04	29	26.56	30	19.5	20	87.81	98
B-B	梧田网格	14.76	19	25.82	29	26.45	30	18.7	20	85.73	98
B-C	经开区网格	15.67	19	27.72	29	26.23	30	18.7	20	88.32	98

续表

网格编号	网格名称	电网坚强指数（20分）		设备可靠指数（30分）		运维管理指数（30分）		应急保障指数（20分）		总分	
		提升前	提升后	提升前	提升后	提升前	提升后	提升前	提升后	提升前	提升后
B-D	梧田新区网格	15.20	19	26.28	29	26.31	30	18.7	20	86.49	98
B-E	金竹网格	13.05	19	26.59	29	25.82	30	18.7	20	84.16	98
B-F	茶山高教园区网格	14.18	19	27.90	29	26.80	30	19.5	20	88.38	98
B-G	丽岙网格	11.99	19	25.82	29	25.50	30	18.7	20	82.01	98
B-H	仙岩网格	12.01	19	23.08	29	25.56	30	18.7	20	79.35	98
B-I	景山新桥网格	15.89	19	27.93	29	26.37	30	18.7	20	88.89	98
B-J	中心区东网格	15.43	19	25.70	29	27.11	30	18.7	20	86.94	98
B-K	中心区西网格	14.44	19	25.36	29	27.12	30	18.7	20	85.62	98
B-La	高铁新城核心区网格	15.47	19	28.57	29	26.50	30	18.7	20	89.24	98
B-Lb	横屿网格	15.09	19	28.42	29	26.25	30	18.7	20	88.46	98
B-Lc	高铁货站网格	13.38	19	25.93	29	25.50	30	18.7	20	83.51	98
B-M	任桥网格	12.66	19	26.61	29	24.56	30	18.7	20	82.53	98
B-N	瞿溪网格	10.01	19	23.83	29	23.75	30	18.7	20	76.30	98
B-O	泽雅网格	10.50	19	22.27	29	25.83	30	19.2	20	77.81	98

（五）结论与建议

瓯海供电服务部全域均处于重点防台区，经四维评价分析后存在3个未达标网格，分别为泽雅网格、仙岩网格、瞿溪网格，评分较高的有高铁新城核心区网格、经开区网格。

经二元系数分析，服务部位于重点攻坚区的3个网格为任桥网格、中心区西网格和梧田网格；位于标准示范区的网格为金竹网格、茶山高教园区网格和泽雅网格；其余网格均处于补强提升区。

现就未达标网格做重点分析，泽雅网格，仅泽雅一座35kV变电站，目前该变电站容载比1.21，处于橙色预警，夏季台风期间故障较高，去年服务部已按照发展部要求与瑞安公司建立互联，提高山区线路负荷转移能力。2021年服务部规划在五凤垟单元建立与青田供电局的互联互供，进一步提高线路负荷转供能力。现阶段，服务部在五凤垟单元做试点，在2021年更换老旧电杆，加固导线，切实推进高弹性电网防台抗灾建设。同时，在泽雅片区成立抗台抢险指挥分中心，搭建指挥平台，深入一线指挥，统筹调配抢修人员、物资，提高抢修效率。从深度、广度上提升电网抗台能力。

仙岩网格、瞿溪网格是瓯海供电服务部新接收的供电区域，多数线路运行年限已久，应加强整个网格网架的建设与整改。建立三年电网改造计划，持续投入总计0.8亿元，提升电网抗风能力。加大运维人员线路维护工作，由于网格内变电站地理分布位置较远，变电站支撑水平较弱，首先推进近期110会市变电站投运，完善电网结构，提升负荷专供能力。与瓯海人民政府制定《瓯海电力管线设施建设三年行动计划》，提高片区电缆化率，达成高弹性电网防台抗灾的目标。

在各项指标中，电网坚强指数相对较低。电网坚强指数是整个评价体系的基础，只有将整个瓯海供电服务部的网架水平提升到一定程度，才能做好后续的设备可靠与运维管理。瓯海已于2021年投资2380万元高弹性电网防台抗灾建设专项资金，在网架方面做提升。同时做好工程的实施，全力完善施工方案，推进高弹性电网防台抗灾建设，对于评分较高的高铁新城核心区网格、经开区网格，要开展设备的巡视维护工作，定期进行各项数值检测，保证高评价网格的可靠运行。

后续，瓯海供电服务部会针对各个网格中的薄弱环节进行针对性的整改与提升，安排实施计划，确保方案的有效落地，把关各个环节，最终打造完成瓯海地域的特色的“不怕台风的电网”。

五、龙湾供电服务部评价分析情况

通过各网格四维指数评价情况可以看出，现状电网坚强指数方面得分率较低，主要原因是存在部分辐射线路、重载线路，不满足网架标准化、$N-1$要求。通过城网及大修工程，对单辐射线路、重载线路逐步改造，提高网架标准化率。对大型工商业用户配置秒切装置，提高可中断负荷占比。通过推广用户侧储能项目，对片区内重要用户进行储能站设置，提高灵活互动能力。

（1）设备可靠性指数方面，主要是由于网格内线路设备原设计标准不满足抗台要求，配电线路钢管杆配比不足，抗风设计标准不达标。另外，配电自动化有效覆盖率、配电自动化自愈占比不足。通过大修、台风基础补强项目立项，针对运行年限过长的线路采取电杆、导线更换，增立钢管杆等措施，提高线路抗台可靠性。按照“自动化覆盖一线一方案”进行严格复查，对部分不合理点位进行按计划逐条整治，同时对该网格线路进行优先布点，确保部分大分支线路充足覆盖。

（2）运维管理指数方面，主要是老旧配网线路抗风整治率偏低，钢管杆配比有待加强。需加强配电线路通道整治，台风来临前完成重要线路专线巡视。加强低洼地方配电设备巡视，做好巡查记录、做好应急准备。线路分布式故障仪及视频覆盖率偏低。对运行年限较久的老旧配电线路进行大修改造，更换老旧电杆，增加钢管杆比例，提高线路抗风能力。

（3）应急保障指数方面，主要是在强台风天气影响下，发生大面积线路故障停电时，配网抢修人员配置比例不足，此外物资装备配置不齐全。通过城东公司对抢修施工人员进行增配，保障受损线路能有充足的抢修人员。申报配置卫星电话和大型照明车等物资装备，提高队伍应急抢修能力。

六、乐清市供电公司评价分析情况

（一）电网概况

乐清市现状：110kV公用变电站24座，主变压器48台，容量2380MVA；35kV公用变电站7座；主表14台，变电容量为204MVA。

乐清市共有 10kV 线路为 536 回，其中公用线路 504 回。架空线路 2829.01km，电缆线路 970.71km，中压线路平均负载率 54.52%。

综合乐清市规模大小、行政区划性质、供电关系、运行管理等条件，考虑将乐清市划分为 33 个供电网格，其中，B 类网格 7 个，C 类网格 22 个，D 类网格 4 个。

（二）历年台风受灾情况

乐清电网近两年受台风影响严重，特别是“利奇马”“黑格比”等超强台风对乐清电网的供电产生严重影响。“利奇马”台风影响期间，累计 5 回 110kV 线路、4 回 35kV 线路故障，涉及 6 座变电站全停，205 条 10kV 线路故障（故障停电线路占比 40.84%），约 33 万用户停电。电网负荷从 138 万 kW 降至 16 万 kW，负荷损失 88%。

（三）“4”维指数评价情况

1. 三级防台标准确定情况

按照三级防台标准细则确定各网格防台标准，乐清市现共划分 29 个网格为重点防台区，4 个网格为次要防台区，见表 5－22。

表 5－22　三级防台标准确定情况

网格编号	网格名称	供电区域划分（10 分）	50 年一遇基准风速风区（80 分）	历史受灾概率（10 分）	三级防台标准总分	防台区等级
1	乐成老城网格	8	70	5.22	83.22	重点防台区
2	南岸网格	8	70	5.22	83.22	重点防台区
3	东山网格	8	70	5.22	83.22	重点防台区
4	滨海新区网格	8	70	5.22	83.22	重点防台区
5	城东街道网格	8	70	5.22	83.22	重点防台区
6	盐盆网格	6	70	5.22	81.22	重点防台区
7	自创网格	6	70	5.22	81.22	重点防台区
8	翁垟网格	6	70	5.22	81.22	重点防台区
9	围垦网格	6	70	5.22	81.22	重点防台区
10	北白象网格	6	70	5.22	81.22	重点防台区
11	车岙网格	6	70	5.22	81.22	重点防台区
12	磐石网格	6	70	5.22	81.22	重点防台区
13	南园网格	8	70	5.22	83.22	重点防台区
14	柳市城区网格	6	70	5.22	81.22	重点防台区
15	新光网格	6	70	5.22	81.22	重点防台区
16	白石网格	6	70	5.22	81.22	重点防台区
17	仁宕网格	6	70	5.22	81.22	重点防台区
18	项浦网格	8	70	5.22	83.22	重点防台区
19	象阳网格	6	70	5.22	81.22	重点防台区

续表

网格编号	网格名称	供电区域划分（10分）	50年一遇基准风速风区（80分）	历史受灾概率（10分）	三级防台标准总分	防台区等级
20	黄华网格	6	70	5.22	81.22	重点防台区
21	虹桥网格	6	70	5.22	81.22	重点防台区
22	蒋宅网格	6	70	5.22	81.22	重点防台区
23	港口新城网格	6	70	5.22	81.22	重点防台区
24	石帆网格	6	70	5.22	81.22	重点防台区
25	天成网格	6	70	5.22	81.22	重点防台区
26	淡溪网格	6	70	5.22	81.22	重点防台区
27	蒲岐网格	6	70	5.22	81.22	重点防台区
28	娄岙网格	6	70	5.22	81.22	重点防台区
29	里岙网格	6	70	5.22	81.22	重点防台区
30	芙蓉网格	4	70	5.22	79.22	次要防台区
31	清江网格	4	70	5.22	79.22	次要防台区
32	雁荡网格	4	70	5.22	79.22	次要防台区
33	大荆网格	4	70	5.22	79.22	次要防台区

2. 四维指数评价情况

根据高弹性电网防台抗灾三级防台标准判定，29 个网格属重点防台区，四维指数评分均小于 80 分，均尚未达到高弹性电网防台抗灾建设标准；4 个网格属次要防台区，雁荡网格及芙蓉网格四维指数评分大于 70 分，基本达到高弹性电网防台抗灾建设标准；大荆网格及清江网格四维指数评分小于 70 分，尚未达到高弹性电网防台抗灾建设标准。对于乐清各个网格后续仍需重点攻坚，全力打造。具体情况如表 5-23 所示。

表 5-23　乐清市四维指数评分情况表

网格编号	网格名称	电网坚强指数（20分）	设备可靠指数（30分）	运维管理指数（30分）	应急保障指数（20分）	总分	对应防台区达标情况
1	东山网格	12.89	20.5	25.52	18.3	77.21	尚未达到
2	雁荡网格	12.85	19.34	23.05	18.3	73.54	基本达到
3	清江网格	12.1	19	18.81	18.3	68.21	尚未达到
4	盐盆网格	10.71	17.89	21.45	18.3	68.35	尚未达到
5	磐石网格	10.32	17.38	18.03	18.3	64.03	尚未达到
6	南园网格	12.31	17	21.03	18.3	68.64	尚未达到
7	仁宕网格	10.71	20.05	21.53	18.3	70.59	尚未达到
8	象阳网格	13.13	18.63	20.62	18.3	70.68	尚未达到
9	车岙网格	11.52	18	17.92	18.3	65.74	尚未达到

续表

网格编号	网格名称	电网坚强指数（20 分）	设备可靠指数（30 分）	运维管理指数（30 分）	应急保障指数（20 分）	总分	对应防台区达标情况
10	虹桥网格	10.63	19.67	18.73	18.3	67.33	尚未达到
11	大荆网格	13.92	17.39	18	18.3	67.61	尚未达到
12	南岸网格	11.05	20.55	21.93	18.3	71.83	尚未达到
13	乐成老城网格	8.69	17.42	21.02	18.3	65.43	尚未达到
14	滨海新区网格	13.34	19.81	19.54	18.3	70.99	尚未达到
15	城东街道网格	10.81	19.31	19.61	18.3	68.03	尚未达到
16	自创网格	10.97	19.95	19.33	18.3	68.55	尚未达到
17	翁垟网格	10.8	20.5	19.57	18.3	69.17	尚未达到
18	围垦网格	/	/	/	/	/	/
19	黄华网格	11.9	19	20.58	18.3	69.78	尚未达到
20	项浦网格	10.17	16.12	23	18.3	67.59	尚未达到
21	柳市城区网格	10.72	17.02	24.17	18.3	70.21	尚未达到
22	新光网格	9.33	18.43	25.35	18.3	71.41	尚未达到
23	白石网格	11.59	17.12	21.73	18.3	68.74	尚未达到
24	北白象网格	11.21	17.18	21.09	18.3	67.78	尚未达到
25	淡溪网格	9.55	17.78	23.6	18.3	69.23	尚未达到
26	蒋宅网格	10.42	18.23	23.73	18.3	70.68	尚未达到
27	石帆网格	10.27	16.66	23.73	18.3	68.96	尚未达到
28	天成网格	11.94	19.09	23.6	18.3	72.93	尚未达到
29	港口新城网格	10.4	18.33	21.73	18.3	68.76	尚未达到
30	娄岙网格	10.62	17.19	21.76	18.3	67.87	尚未达到
31	蒲岐网格	8	16.33	21.66	18.3	64.29	尚未达到
32	里岙网格	10	17.96	21.51	18.3	67.77	尚未达到
33	芙蓉网格	12.83	17.97	22	18.3	71.1	基本达到

（1）电网坚强指数。

东山网格、雁荡网格、清江网格、南园网格、象阳网格、大荆网格、滨海新区网格、芙蓉网格电网坚强指数得分率较高，超过 60%，网架构建较为完善。其余网格电网坚强指数得分率较低，主要原因是现状网格内处于负荷发展过程中，网格内用地处于拆迁重建阶段，网架构建不完全，负荷增长后新增电源点可逐步加强网架结构，提高电网坚强指数。此外秒级可中断负荷、灵活互动源储资源，以及黑启动电源配置容量等方面有所不足，影响电网坚强指数评分。坚强指数得分如表 5－24 所示。

表 5 - 24　　电网坚强指数得分情况

网格编号	网格名称	110（35）kV 及以上网架坚强（6 分）	中压配网网架坚强（14 分）	合计（20 分）
1	东山网格	6	6.89	12.89
2	雁荡网格	6	6.85	12.85
3	清江网格	6	6.1	12.1
4	盐盆网格	6	4.71	10.71
5	磐石网格	6	4.32	10.32
6	南园网格	6	6.31	12.31
7	仁宕网格	6	4.71	10.71
8	象阳网格	6	7.13	13.13
9	车岙网格	6	5.52	11.52
10	虹桥网格	6	4.63	10.63
11	大荆网格	6	7.92	13.92
12	南岸网格	6	5.05	11.05
13	乐成老城网格	6	2.69	8.69
14	滨海新区网格	6	7.34	13.34
15	城东街道网格	6	4.81	10.81
16	自创网格	6	4.97	10.97
17	翁垟网格	6	4.8	10.8
18	围垦网格	/	/	/
19	黄华网格	6	5.9	11.9
20	项浦网格	4	6.17	10.17
21	柳市城区网格	6	4.72	10.72
22	新光网格	6	3.33	9.33
23	白石网格	6	5.59	11.59
24	北白象网格	6	5.21	11.21
25	淡溪网格	6	3.55	9.55
26	蒋宅网格	6	4.42	10.42
27	石帆网格	6	4.27	10.27
28	天成网格	6	5.94	11.94
29	港口新城网格	6	4.4	10.4
30	娄岙网格	6	4.62	10.62
31	蒲岐网格	6	2	8
32	里岙网格	6	4	10
33	芙蓉网格	6	6.83	12.83

（2）设备可靠指数。

东山网格、仁宕网格、翁垟网格等网格设备可靠得分率较高，超过 66.7%，网格内输配电线路设计标准较高。其余网格设备可靠性指数得分较低，主要是由于网格内线路设备原设计标准不满足抗台要求，如输电线路中旭阳变电站进线设计风速为31m/s，所处风区风速为35m/s，设计标准偏低。配电线路方面，钢管杆配比不足，抗风设计标准不达标。另外，配电自动化有效覆盖率不足，后续需逐步提升。设备可靠指数得分如表5-25所示。

表5-25　设备可靠指数得分情况

网格编号	网格名称	110（35）kV及以上线路抗风合格率（8分）	变电站可靠（8分）	配网线路达标率（14分）	合计（30分）
1	东山网格	6	4.67	9.83	20.5
2	雁荡网格	6	3	10.34	19.34
3	清江网格	6	5	8	19
4	盐盆网格	7	4	6.89	17.89
5	磐石网格	6	4	7.38	17.38
6	南园网格	5	4	8	17
7	仁宕网格	8	3.67	8.38	20.05
8	象阳网格	7.33	3.73	7.57	18.63
9	车岙网格	6	3.5	8.5	18
10	虹桥网格	7	4.67	8	19.67
11	大荆网格	6	3.83	7.56	17.39
12	南岸网格	6.8	4.67	9.08	20.55
13	乐成老城网格	6	4.67	6.75	17.42
14	滨海新区网格	6.67	5	8.14	19.81
15	城东街道网格	7	4.67	7.64	19.31
16	自创网格	6.67	3.83	9.45	19.95
17	翁垟网格	8	4.42	8.08	20.5
18	围垦网格	/	/	/	/
19	黄华网格	6	5	8	19
20	项浦网格	4.67	4	7.45	16.12
21	柳市城区网格	5.33	3.5	8.19	17.02
22	新光网格	6	4	8.43	18.43
23	白石网格	6	3.92	7.2	17.12
24	北白象网格	6.33	4	6.85	17.18
25	淡溪网格	6	4.33	7.45	17.78
26	蒋宅网格	5.5	4.33	8.4	18.23
27	石帆网格	4.5	4.33	7.83	16.66
28	天成网格	7.5	4.33	7.26	19.09
29	港口新城网格	5	5.33	8	18.33

续表

网格编号	网格名称	110（35）kV 及以上线路抗风合格率（8 分）	变电站可靠（8 分）	配网线路达标率（14 分）	合计（30 分）
30	娄岙网格	4.2	4.33	8.66	17.19
31	蒲岐网格	4	4.33	8	16.33
32	里岙网格	4.3	4.33	9.33	17.96
33	芙蓉网格	6	4.33	7.64	17.97

（3）运维管理指数。

东山网格、雁荡网格、柳市城区网格、新光网格等网格运维管理得分率较高，超过76.7%，网格内设备隐患监察及治理较为完善。其余网格运维管理指数得分较低，主要原因是输电线路薄弱杆塔加固工程尚未开展，配电线路通道整治方面由于市政府重视市容市貌建设，拒绝审批树木砍伐，后续加强与市政府相关部门的沟通，协调好市容市貌与树障隐患的平衡点，消除线路隐患。运维管理指数得分如表 5－26 所示。

表 5－26　运维管理指数得分情况

网格编号	网格名称	变电隐患排查治理指数（7 分）	输电隐患排查治理指数（7 分）	配电隐患排查治理指数（10 分）	灾情监测覆盖指数（6 分）	合计（30 分）
1	东山网格	7	5	9.5	4.02	25.52
2	雁荡网格	7	3	9	4.05	23.05
3	清江网格	7	3	6.81	2	18.81
4	盐盆网格	7	5	5.45	4	21.45
5	磐石网格	7	5	3.99	2.04	18.03
6	南园网格	7	3	7	4.03	21.03
7	仁宕网格	5.5	7	5.01	4.02	21.53
8	象阳网格	7	7	2.6	4.02	20.62
9	车岙网格	5.5	5	4.33	3.09	17.92
10	虹桥网格	7	5	2.72	4.01	18.73
11	大荆网格	7	5	2	4	18
12	南岸网格	7	7	3.9	4.03	21.93
13	乐成老城网格	7	7	2.98	4.04	21.02
14	滨海新区网格	7	5	3.36	4.18	19.54
15	城东街道网格	7	5	3.6	4.01	19.61
16	自创网格	7	5	3.16	4.17	19.33
17	翁垟网格	7	5	3.56	4.01	19.57
18	围垦网格	/	/	/	/	/
19	黄华网格	7	5	3.58	5	20.58
20	项浦网格	7	7	4	5	23

续表

网格编号	网格名称	变电隐患排查治理指数（7分）	输电隐患排查治理指数（7分）	配电隐患排查治理指数（10分）	灾情监测覆盖指数（6分）	合计（30分）
21	柳市城区网格	6.61	7	5.59	4.97	24.17
22	新光网格	7	7	6.35	5	25.35
23	白石网格	7	5	4.83	4.9	21.73
24	北白象网格	7	7	4	3.09	21.09
25	淡溪网格	7	7	5.59	4.01	23.6
26	蒋宅网格	7	7	5.72	4.01	23.73
27	石帆网格	7	7	5.72	4.01	23.73
28	天成网格	7	7	5.6	4	23.6
29	港口新城网格	7	5	5.72	4.01	21.73
30	娄岙网格	7	5	5.75	4.01	21.76
31	蒲岐网格	7	5	5.65	4.01	21.66
32	里岙网格	7	5	5.5	4.01	21.51
33	芙蓉网格	7	7	4	4	22

（4）应急保障指数。

在强台风天气影响下，发生大面积线路故障停电时，抢修人员配置比例略显不足。另外，种类装备配置不齐全，乐清市将在台风来临之际根据防台差异化灵活调动，共同面对灾情。应急保障得分如表 5－27 所示。

表 5－27　应急保障指数得分情况

网格编号	网格名称	应急体系（2分）	人员保障（6分）	物资装备保障（4分）	安全保障（3分）	恢复速度（5分）	合计（20分）
1	东山网格	2	4.8	3.5	3	5	18.3
2	雁荡网格	2	4.8	3.5	3	5	18.3
3	清江网格	2	4.8	3.5	3	5	18.3
4	盐盆网格	2	4.8	3.5	3	5	18.3
5	磐石网格	2	4.8	3.5	3	5	18.3
6	南园网格	2	4.8	3.5	3	5	18.3
7	仁宕网格	2	4.8	3.5	3	5	18.3
8	象阳网格	2	4.8	3.5	3	5	18.3
9	车岙网格	2	4.8	3.5	3	5	18.3
10	虹桥网格	2	4.8	3.5	3	5	18.3
11	大荆网格	2	4.8	3.5	3	5	18.3
12	南岸网格	2	4.8	3.5	3	5	18.3
13	乐成老城网格	2	4.8	3.5	3	5	18.3

续表

网格编号	网格名称	应急体系（2分）	人员保障（6分）	物资装备保障（4分）	安全保障（3分）	恢复速度（5分）	合计（20分）
14	滨海新区网格	2	4.8	3.5	3	5	18.3
15	城东街道网格	2	4.8	3.5	3	5	18.3
16	自创网格	2	4.8	3.5	3	5	18.3
17	翁垟网格	2	4.8	3.5	3	5	18.3
18	围垦网格	/	/	/	/	/	/
19	黄华网格	2	4.8	3.5	3	5	18.3
20	项浦网格	2	4.8	3.5	3	5	18.3
21	柳市城区网格	2	4.8	3.5	3	5	18.3
22	新光网格	2	4.8	3.5	3	5	18.3
23	白石网格	2	4.8	3.5	3	5	18.3
24	北白象网格	2	4.8	3.5	3	5	18.3
25	淡溪网格	2	4.8	3.5	3	5	18.3
26	蒋宅网格	2	4.8	3.5	3	5	18.3
27	石帆网格	2	4.8	3.5	3	5	18.3
28	天成网格	2	4.8	3.5	3	5	18.3
29	港口新城网格	2	4.8	3.5	3	5	18.3
30	娄岙网格	2	4.8	3.5	3	5	18.3
31	蒲岐网格	2	4.8	3.5	3	5	18.3
32	里岙网格	2	4.8	3.5	3	5	18.3
33	芙蓉网格	2	4.8	3.5	3	5	18.3

（四）“2”元系数评价情况。

以各网格供电等级、行政等级、负荷密度发展情况计算经济发展系数，以风力区域分布、受灾频次，30年洪水位与平均海拔差计算灾情灾害系数，综合各网格经济发展系数和灾情灾害系数对各网格计算综合评估分，乐清市各网格综合评估得分如表5-28所示。

表5-28　乐清市综合评估得分情况

网格编号	网格名称	四维指数得分	经济发展系数		灾情灾害系数		综合评估得分
			得分	系数X	得分	系数Y	
1	东山网格	77.21	96	1	65.43	1.2	92.65
2	雁荡网格	73.54	45.16	1.3	65.43	1.2	114.72
3	清江网格	68.21	65.46	1.2	65.43	1.2	98.22
4	盐盆网格	68.35	72	1.2	65.43	1.2	98.42
5	磐石网格	64.03	71.77	1.2	65.43	1.2	92.2
6	南园网格	68.64	55.91	1.3	65.43	1.2	107.08
7	仁宕网格	70.59	72	1.2	81.76	1	84.71

续表

网格编号	网格名称	四维指数得分	经济发展系数		灾情灾害系数		综合评估得分
			得分	系数 X	得分	系数 Y	
8	象阳网格	70.68	72	1.2	65.43	1.2	101.78
9	车岙网格	65.74	72	1.2	65.43	1.2	94.67
10	虹桥网格	67.33	72	1.2	65.43	1.2	96.96
11	大荆网格	67.61	39.81	1.3	65.43	1.2	105.47
12	南岸网格	71.83	86	1	65.43	1.2	86.2
13	乐成老城网格	65.43	86	1	65.43	1.2	78.52
14	滨海新区网格	70.99	75.85	1.2	65.43	1.2	102.23
15	城东街道网格	68.03	64.3	1.2	65.43	1.2	97.96
16	自创网格	68.55	72	1.2	65.43	1.2	98.71
17	翁垟网格	69.17	68.16	1.2	65.43	1.2	99.6
18	围垦网格	/	/	/	/	/	/
19	黄华网格	69.78	58.98	1.3	65.43	1.2	108.86
20	项浦网格	67.59	59.82	1.3	65.43	1.2	105.44
21	柳市城区网格	70.21	72	1.2	81.76	1	84.25
22	新光网格	71.41	72	1.2	65.43	1.2	102.83
23	白石网格	68.74	68.76	1.2	65.43	1.2	98.99
24	北白象网格	67.78	72	1.2	65.43	1.2	97.6
25	淡溪网格	69.23	72	1.2	65.43	1.2	99.69
26	蒋宅网格	70.68	50.92	1.3	65.43	1.2	110.26
27	石帆网格	68.96	55.09	1.3	65.43	1.2	107.58
28	天成网格	72.93	54.1	1.3	65.43	1.2	113.77
29	港口新城网格	68.76	65.53	1.2	65.43	1.2	99.01
30	娄岙网格	67.87	34.37	1.3	65.43	1.2	105.88
31	蒲岐网格	64.29	50.22	1.3	65.43	1.2	100.29
32	里岙网格	67.77	38.58	1.3	65.43	1.2	105.72
33	芙蓉网格	71.1	48.95	1.3	65.43	1.2	110.92

乐清全县域共划分为 33 个网格，根据“1248”评价体系及“262”原则得出东山网格、滨海新区网格等为标准示范区；盐盆网格、翁垟网格等为提升完善区；大荆网格、老城网格等为重点攻坚区。乐清市各网格所属分区如图 5－11 所示。

（五）提升措施及成效分析

1. 总体提升策略

针对弱项指标分析得出，电网坚强指数原因在于网架构建不完全。设备可靠指数主

图 5-11　乐清市综合评估得分情况网格分布图

要是由于线路设备设计标准不足；运维管理指数是因为线路隐患较多；应急保障指数在发生大面积线路故障停电时，抢修人员配置比例略显不足。乐清围绕“三个一”全力推进高弹性电网防台抗灾建设，即“一周一会”全面安排统筹，针对弱项指标形成“一格一策”，结合“一市一县”支援机制，保证台风来临时，供电安全可靠。提升情况如表 5-29 所示。

表 5-29　　乐清市四维指数提升情况表

网格编号	网格名称	电网坚强指数（20 分）		设备可靠指数（30 分）		运维管理指数（30 分）		应急保障指数（20 分）		总分	
		提升前	提升后	提升前	提升后	提升前	提升后	提升前	提升后	提升前	提升后
1	东山网格	12.89	18	20.5	26.67	25.52	29	18.3	19.6	77.21	93.27
2	雁荡网格	12.85	16.75	19.34	26.17	23.05	27	18.3	18.8	73.54	88.72

续表

网格编号	网格名称	电网坚强指数（20分）		设备可靠指数（30分）		运维管理指数（30分）		应急保障指数（20分）		总分	
		提升前	提升后	提升前	提升后	提升前	提升后	提升前	提升后	提升前	提升后
3	清江网格	12.1	14.9	19	21.5	18.81	28	18.3	18.8	68.21	83.2
4	盐盆网格	10.71	13.25	17.89	22.43	21.45	27.04	18.3	18.8	68.35	81.52
5	磐石网格	10.32	15.97	17.38	22.79	18.03	26.38	18.3	18.8	64.03	83.94
6	南园网格	12.31	16.85	17	20	21.03	29	18.3	18.8	68.64	84.65
7	仁宕网格	10.71	16.2	20.05	25.25	21.53	27.88	18.3	18.8	70.59	88.13
8	象阳网格	13.13	17.47	18.63	22	20.62	23.44	18.3	18.8	70.68	81.71
9	车岙网格	11.52	16.44	18	23.63	17.92	26.75	18.3	18.8	65.74	85.62
10	虹桥网格	10.63	15.93	19.67	22.21	18.73	23.21	18.3	18.8	67.33	80.15
11	大荆网格	13.92	17.05	17.39	21.32	18	23.48	18.3	18.8	67.61	80.65
12	南岸网格	11.05	16.19	20.55	21.41	21.93	24.76	18.3	18.8	71.83	81.16
13	乐成老城网格	8.69	15.96	17.42	21.64	21.02	23.72	18.3	18.8	65.43	80.12
14	滨海新区网格	13.34	18	19.81	22.86	19.54	23.28	18.3	18.8	70.99	82.94
15	城东街道网格	10.81	16.11	19.31	21.09	19.61	24.76	18.3	18.8	68.03	80.76
16	自创网格	10.97	15.73	19.95	22.74	19.33	22.88	18.3	18.8	68.55	80.15
17	翁垟网格	10.8	16.25	20.5	21.94	19.57	23.42	18.3	18.8	69.17	80.41
18	围垦网格	/	/	/	/	/	/	/	/	/	/
19	黄华网格	11.9	16.77	19	20.6	20.58	24.16	18.3	18.8	69.78	80.33
20	项浦网格	10.17	17.3	16.12	19.13	23	24.91	18.3	18.8	67.59	80.14
21	柳市城区网格	10.72	17.4	17.02	19.86	24.17	25.61	18.3	18.8	70.21	81.67
22	新光网格	9.33	16.8	18.43	19.91	25.35	26.23	18.3	18.8	71.41	81.74
23	白石网格	11.59	17.1	17.12	19.86	21.73	24.65	18.3	18.8	68.74	80.41
24	北白象网格	11.21	17.07	17.18	18.96	21.09	25.5	18.3	18.8	67.78	80.33
25	淡溪网格	9.55	17.95	17.78	19.12	23.6	25.11	18.3	18.8	69.23	80.98
26	蒋宅网格	10.42	17	18.23	20.32	23.73	24.23	18.3	18.8	70.68	80.35
27	石帆网格	10.27	16.95	16.66	20.73	23.73	24.56	18.3	18.8	68.96	81.04
28	天成网格	11.94	17.4	20.09	19.21	23.6	25.03	18.3	18.8	72.93	80.44
29	港口新城网格	10.4	17.4	18.33	19	21.73	25.19	18.3	18.8	68.76	80.39
30	娄岙网格	10.62	18	17.19	19.3	21.76	24.43	18.3	18.8	67.87	80.53
31	蒲岐网格	8	16.04	16.33	20.12	21.66	25.45	18.3	18.8	64.29	80.41
32	里岙网格	10	16.92	17.96	20.21	21.51	24.39	18.3	18.8	67.77	80.32
33	芙蓉网格	12.83	14.49	17.97	19.9	22	23	18.3	18.8	71.1	76.19

2. 三年提升策略

根据每条线路的实际情况，提出科学合理的改造方案。方案明确工程建设规模、建设改造资金需求及资金来源。计划三年内完成高弹性电网防台抗灾建设。

(1) 110kV 线路抗风合格率提升。

10kV 线路抗风合格率提升方面共涉及 65 条线路，需改造直线钢管杆 53 基，改造转角钢管杆 172 基，改造耐张钢管杆 63 基，改造铁塔 8 基。预计总投资需求 2752 万元，通过城农网项目和大修项目完成，其中城农网项目 2086 万元，大修项目 666 万元。各供电所项目分布情况见表 5－30。

预计通过 3 年时间改造完成，分年度改造计划见表 5－31。

表 5－30　10kV 线路抗风合格率提升项目统计

序号	供电所名称	改造钢管数量（直线）	改造钢管数量（转角）	改造钢管数量（耐张）	改造铁塔数量	预估资金（万元）
1	柳市供电所	11	30	13	0	486
2	白象供电所	0	75	5	0	720
3	乐成供电所	23	8	12	4	467
4	虹桥供电所	0	0	0	0	0
5	大荆供电所	13	42	6	2	589
6	清江供电所	4	16	25	0	405
7	雁荡供电所	2	1	2	2	85
合计		53	172	63	8	2752

表 5－31　10kV 线路抗风合格率提升项目分年度统计

年度	改造钢管数量（直线）	改造钢管数量（转角）	改造钢管数量（耐张）	改造铁塔数量	预估资金（万元）
2021	8	58	23	4	881
2022	31	73	26	4	1250
2023	14	41	14	0	621
合计	53	172	63	8	2752

(2) 老旧 10kV 架空线路合规率提升。

10kV 架空线路合规率方面共涉及 42 条线路，需改造线路长度 103.27km，改造直线钢管杆 38 基，改造转角钢管杆 157 基，改造耐张钢管杆 104 基，改造铁塔 14 基。预计总投资需求 6245 万元，通过城农网项目和大修项目完成，其中城农网项目 5380 万元，大修项目 865 万元。各供电所项目分布情况见表 5－32。

预计通过 3 年时间改造完成，分年度改造计划见表 5－33。

(3) 沿海、低洼地带配电站房改造。

10kV 线路沿海、低洼地带配电站房改造项目共涉及 1 座配电室、2 座箱式变电站、6 座交接箱。总投资需求 362 万元，通过城农网项目和大修项目完成，其中城农网项目 300

万元，大修项目 42 万元，其他项目 20 万元。各供电所项目分布情况见表 5－34。

预计通过 2 年时间改造完成，分年度改造计划见表 5－35。

表 5－32　　老旧 10kV 架空线路改造项目统计

序号	供电所名称	改造线路涉及长度（km）	改造钢管数量（直线）	改造钢管数量（转角）	改造钢管数量（耐张）	改造铁塔数量	钢管、铁塔所需总资金	预估总资金（万元）
1	柳市供电所	40.9	18	74	27	2	1111	2105
2	白象供电所	0	0	0	0	0	0	0
3	乐成供电所	0	0	0	0	0	0	0
4	虹桥供电所	24.87	0	26	39	8	745	1525
5	大荆供电所	9.5	4	30	0	2	346	535
6	清江供电所	13	6	17	28	0	459	790
7	雁荡供电所	15	10	10	10	2	310	1290
合计	103.27	38	157	104	14	2971	6245	

表 5－33　　老旧 10kV 架空线路改造项目分年度统计

年度	改造线路涉及长度（km）	改造钢管数量（直线）	改造钢管数量（转角）	改造钢管数量（耐张）	改造铁塔数量	钢管、铁塔所需总资金	预估总资金（万元）
2021	47.95	11	70	59	2	1300	2470
2022	44.52	23	76	35	12	1446	2875
2023	9.8	2	9	10	0	189	850
合计	102.27	36	155	104	14	2935	6195

表 5－34　　沿海、低洼地带配电站房改造项目统计

序号	供电所名称	预估总资金（万元）
1	柳市供电所	22
2	乐成供电所	300
3	大荆供电所	40
合计		362

表 5－35　　沿海、低洼地带配电站房改造项目分年度统计

年度	预估总资金（万元）
2021	320
2022	42
合计	362

3．配电设备加固

（1）导线绑扎加固项目。

10kV 线路导线绑扎加固项目共涉及 72 条线路。总投资需求 140 万元，通过城农网项目和大修项目完成，其中城农网项目 20 万元，大修项目 120 万元，于 2021 年全部实施完成。各供电所项目分布情况见表 5－36。

表 5－36　10kV 线路导线绑扎加固项目统计

序号	供电所名称	预估总资金（万元）
1	柳市供电所	7
2	白象供电所	20
3	乐成供电所	11
4	虹桥供电所	20
5	大荆供电所	28
6	清江供电所	50
7	雁荡供电所	4
合计		140

（2）配网台架改造项目。

配网台架改造项目共涉及 90 座台区。总投资需求 180 万元，项目通过城农网项目和大修项目完成，其中城农网项目 50 万元，大修项目 130 万元。各供电所项目分布情况见表 5－37。

计划通过两年完成 90 座台区的台架改造，分年度改造计划见表 5－38。

表 5－37　配网台架改造项目统计

序号	供电所名称	预估总资金（万元）
1	柳市供电所	50
2	白象供电所	50
3	乐成供电所	10
5	大荆供电所	42
6	清江供电所	28
合计		180

表 5－38　配网台架改造项目分年度统计

年度	预估总资金（万元）
2021	72
2022	108
合计	180

（3）通道异物整治。

通道异物整治项目共涉及 90 条线路。总投资需求 560 万元，项目通过大修项目完成。各供电所项目分布情况见表 5－39。

计划通过两年整治，分年度改造计划见表 5－40。

表 5-39　通道异物整治项目统计

序号	供电所名称	预估总资金（万元）
1	柳市供电所	65
2	白象供电所	28
3	乐成供电所	98
4	虹桥供电所	78
5	大荆供电所	89
6	清江供电所	182
7	雁荡供电所	20
合计		560

表 5-40　通道异物整治项目分年度统计

年度	预估总资金（万元）
2021	195
2022	365
合计	560

（4）配电自动化自愈率提升。

配电自动化自愈率提升项目共涉及 243 条线路。总投资需求 486 万元，项目通过租赁项目在 2021 年完成。各供电所项目分布情况见表 5-41。

表 5-41　配电自动化自愈率提升项目统计

序号	供电所名称	智能开关（台）	故障指示器（台）	DTU（台）	预估资金（万元）
1	柳市供电所	158	1058.6	467	280.2
2	白象供电所	3	20.1	31	18.6
3	乐成供电所	22	147.4	160	96
4	虹桥供电所	25	167.5	50	30
5	大荆供电所	36	241.2	50	30
6	清江供电所	0	0	0	0
7	雁荡供电所	11	73.7	52	31.2
合计		255	1708.5	810	486

（5）分布式电源应用接入改造。

分布式电源应用接入改造项目共涉及 19 个台区。需快速插拔头 JP 柜 19 面，预计总投资需求 114 万元，项目通过城农网项目在 2021—2022 年完成。各供电所项目分布情况见表 5-42，分年度项目统计见表 5-43。

表 5-42　分布式电源应用接入改造项目统计

序号	供电所名称	快速插拔头 JP 柜数量	预估资金（万元）
1	柳市供电所	6	36

续表

序号	供电所名称	快速插拔头 JP 柜数量	预估资金（万元）
2	白象供电所	12	72
3	乐成供电所	1	6
合计		19	114

表 5－43　分布式电源应用接入改造项目分年度统计

年度	快速插拔头 JP 柜数量	预估资金（万元）
2021	7	42
2022	12	72
合计	19	114

4. 2021 年提升策略

为了推进高弹性电网防台抗灾建设，2020 年乐清公司根据示范区域（东山网格）推广至乐清电网 33 个网格评价打分工作，并编制完成相应弱项指标分析表，并根据网格弱项分析结果，初步完成高弹性电网防台抗灾建设项目的可研需求项目申报，2021 年乐清公司针对弱项指标迅速实现项目落地，完善弱项指标，投资 2552 万元，如表 5－44 所示。

表 5－44　项　目　列　表

序号	项　目　名　称	总投资（万元）	本次下达（万元）	线路长度（km）
1	温州乐清 10kV 大荆网格小球 Y595 线改造工程	89	80	1.524
2	温州乐清 10kV 柳市北部网格综合 Y273 线负荷分流改造工程	73	66	1.36
3	温州乐清 10kV 柳市北部网格沪泰 Y293 线负荷分流改造工程	112	102	1.694
4	温州乐清 10kV 清江网格朴头 Y415 线与清北 Y742 线联络新建工程	148	135	3.288
5	温州乐清 10kV 乐清湾港区网格湾底 Y521 线、双屿 Y520 线负荷分流新建工程	191	177	3.508
6	温州乐清 10kV 虹桥北部网格东馆 Y396 线、蒋宅 Y388 线联络石清变新建工程	273	255	8.51
7	温州乐清 10kV 虹桥北部网格蒋宅 Y388 线灾后修复改造工程	393	368	0
8	温州乐清 10kV 象阳黄华网格刘宅村、大茅岭村等低压线路灾后修复改造工程	96	90	4.021
9	温州乐清 10kV 白象北部网格塘下 Y615 线、象茗 Y461 线等灾后修复改造工程	320	300	19.478
10	温州乐清 10kV 中心城区网格城南 Y608 线 20＃至 51＃、九川 Y242 线 41＃至 72＃线路改造工程	405	380	0
11	温州乐清 10kV 大荆网格镇安 Y952 线改造工程	52	49	1.21
12	温州乐清 10kV 大荆网格岩头 Y946 线改造工程	53	50	0.77
13	温州乐清 10kV 乐清湾港区网格杏一 Y582 线灾后修复改造工程	530	500	0

（六）结论与建议

经过“1248”评价体系对整个乐清电网进行全面的“诊断”，将乐清现状存在的薄弱环节具体、直观地通过各项指标的打分暴露出来，并针对弱项指标梳理编制完成“一网格一分析”的解决方案，最终形成“一格一策”的提升计划，推动乐清公司配电网防汛抗台能力全面提升。

基于高弹性电网防台抗灾建设的“1248”理论支撑体系，应当加速优化电网资源配置，提高抵御风险能力和智能互动水平，到 2023 年初步完成高弹性电网防台抗灾建设，实现乐清电网坚强可靠、高度自愈、全面感知、多元融合。

七、永嘉县供电公司评价分析情况

依据“1248”评分体系，永嘉县 22 个网格四维指数得分情况能明显体现山区片网格和沿江片网格的得分差距，沿江片网格分数高于山区片网格，与县域网格实际防台能力相符；辅助二元系数计算综合得分，能直观反映亟待提升防台能力的网格，为下一步提升方向提供参考。因为运维管理指数与应急保障指数中主观意愿强的指标项没有硬性标准限制，容易自主评分，建议颗粒度再细化。

八、瑞安市供电公司评价分析情况

经过“1248”评价体系对整个瑞安电网进行全面的“诊断”，将瑞安现状存在的薄弱环节具体、直观地通过各项指标的打分暴露出来。根据木桶效应，解决当前电网对防汛抗台工作的最短板，即可快速提升防台减灾能力，同时考虑到高弹性电网防台抗灾建设是一个动态提升的过程，因此高弹性电网防台抗灾指标权重应向当前电网抗台最薄弱环节倾斜，并结合年度防台后评价（总结）中的防汛抗台最主要短板进行权重的动态调整，使高弹性电网防台抗灾评价体系始终能够指导电网持续地提高抗台能力，并保障收益最大化。围绕推进高弹性电网防台抗灾建设这一目标，更加明确整改方向。

基于高弹性电网防台抗灾建设的“1248”理论支撑体系，结合瑞安市历年抗台情况，应当加速优化电网资源配置，提高抵御风险能力和智能互动水平，到 2023 年初步完成高弹性电网防台抗灾建设，实现电网坚强可靠、高度自愈、全面感知、多元融合，以及快速复电的特征。

九、平阳县供电公司评价分析情况

图 5 - 12 为指标提升效果对比分析图。

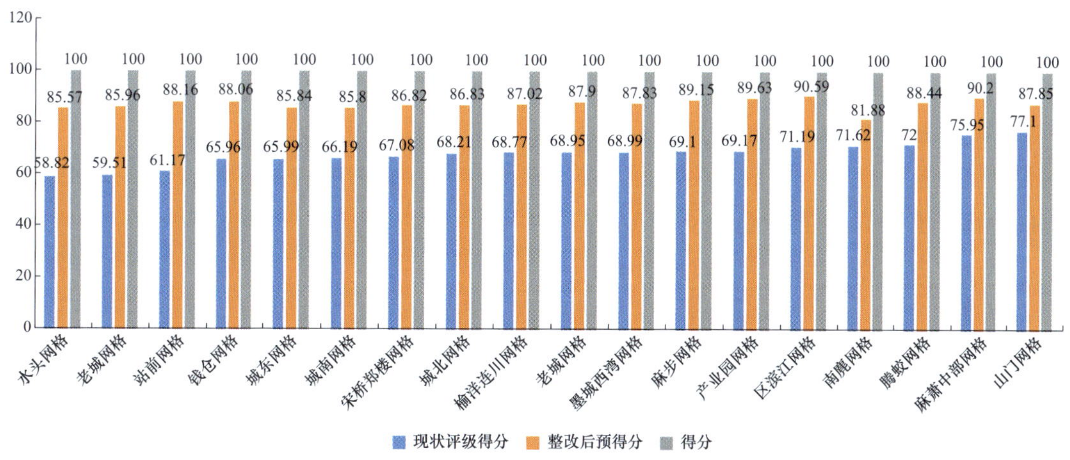

图 5 - 12　指标提升效果对比分析图

由此评价体系与表 5－45 所列三级防台标准可知，平阳各个网格现状平均指标得分为 68.10 分，未达到高弹性电网防台抗灾建设标准，与温州其他地区抗台、防台水平的对比分析，可以看到，平阳抗台、防台水平较县域网格中处于中等水平。通过三年计划，结合主网建设、配网项目改造、管理创新优化等措施，对平阳区域现状薄弱指标逐项整改，四类指标均得到显著提升，整改后预得分 87.41 分，能基本达到高弹性电网防台抗灾建设标准。

表 5－45　高弹性电网防台抗灾三级防台标准判定

三级标准	全面达到	基本达到	尚未达到
重点防台区	$S \geqslant 90$	$80 \leqslant S < 90$	$S < 80$
次要防台区	$S \geqslant 80$	$70 \leqslant S < 80$	$S < 70$
一般防台区	$S \geqslant 70$	$60 \leqslant S < 70$	$S < 60$

“1248”评价体系中的指标存在重复评分现象，比如 10kV 线路负荷转移能力，建议后期进行完善用于检查环节的评价。

十、苍南县供电公司评价分析情况

根据三级防台标准，苍南公司除桥墩网格为次要防台网格，其余 10 个网格均为重点防台网格。

根据四维评价指数结果，苍南公司 11 个网格均尚未达到三级防台标准，其中马站网格电网坚强指数、设备可靠指数和运维管理指数得分较低；矾山网格设备可靠指数得分较低；望里网格电网坚强指数和应急保障指数得分较低；桥墩网格运维管理指数和设备可靠指数得分较低；金乡网格运维管理指数和应急保障指数得分较低；藻溪网格应急保障指数得分较低。

四维评价指数结合经济发展系数、灾情灾害系数，综合评估计算得分结果，得到苍南公司高弹性电网防台抗灾标准示范区为灵溪工业园网格、宜山网格，重点攻坚区为马站网格、金乡网格，其余各网格均为补强提升区。

下阶段，苍南公司将基于高弹性电网防台抗灾建设的“1248”理论支撑体系，以马站网格、金乡网格为建设重点区，以灵溪工业园网格、宜山网格为目标，全面优化电网资源配置，提高抵御风险能力和智能互动水平，以“实干担当、敢为天下先”的精神全面提升防台抗灾能力，实现电网坚强可靠、高度自愈、全面感知、多元融合以及快速复电的特征，实现高弹性电网防台抗灾建设。

十一、龙港市供电公司评价分析情况

经过“1248”评价体系对整个龙港市电网进行全面的“诊断”，将龙港现状存在的薄弱环节具体、直观地通过各项指标的打分暴露出来。根据“木桶”效应，解决当前电网对防汛抗台工作的最短板即可快速提升防台减灾能力，同时考虑到高弹性电网防台抗灾建设是一个动态提升的过程，因此高弹性电网防台抗灾指标权重应向当前电网抗台最薄弱环节倾斜，并结合年度防台后评价（总结）中防汛抗台最主要短板进行权重的动态调整，使高弹性电网防台抗灾评价体系始终能够指导电网持续地提高抗台能力，并保障收益最大化。围绕推进高弹性电网防台抗灾建设的这一目标，更加明确整改方向。

基于高弹性电网防台抗灾建设的“1248”理论支撑体系，结合龙港市历年抗台情况，应当加速优化电网资源配置，提高抵御风险能力和智能互动水平，到2023年初步完成高弹性电网防台抗灾建设，实现龙港电网坚强可靠、高度自愈、多元融合，更好服务龙港市改革发展。

十二、文成县供电公司评价分析情况

（一）电网概况

1. 县域电网总体情况

文成电网规模有220kV变电站1座，主变压器2台，总容量360MVA；110kV变电站4座，主变压器8台，总容量326MVA；110kV线路8条，长度180.56km；35kV变电站5座，主变10台，总容量118.6MVA；35kV线路25条，总长度212.54km；10kV线路109条（其中小水电专线9条），总长度1637.8km。

2. 网格划分情况

依据DL/T 5729—2016《配电网规划设计技术导则》，结合文成县地域特点，充分考虑现状电网改造难度、街道河流等因素，同时适应配电网规划、建设、运行和管理的要求，便于建设标准的统一和方案的落地，将文成县域划分为7个供电网格。

（二）历年台风受灾情况

本次主要列举“利奇马”和“黑格比”台风对县域的影响。

1.“利奇马”台风受灾情况

2019年超强台风“利奇马”于8月10日13：45：前后在浙江省温岭市沿海登陆，登陆时中心附近最大风力16级。台风“利奇马”给电力设施安全运行造成了严重的威胁，故障主要集中于10kV配网线路，共造成西湖H926线、西坑H844线、梧溪H846线、峃口H963线等4条kV线路跳闸和多处电力设施损坏，引起2个乡镇11个行政村41台配变台区，3697户用户停电。其中，西坑H844线由于线路断线引起故障，西湖H926线由于电杆倒杆引起线路故障；0.4kV线路杆塔与拉线基础塌方1处、断线9处；分接箱脱落3只。针对停电情况，文成公司在确保人身安全的前提下，按照“先主干线、后分支线，先城镇、后农村”的原则，安全有序地开展抢修工作。文成公司先后陆续出动抢修车辆10台·次、抢修队伍4支共43人，巡视及紧急处理故障线路和损坏的电力设施，截至8月11日早上11时，文成公司已全部恢复送电。

2.“黑格比”台风受灾情况

2020年“黑格比”台风造成文成公司低压断线2处，分支令克掉落1个，共发生10kV线路馈线停电1条，分线停电5条，涉及停电台区106个，20个行政村，用户数9165户，截至8月5日11点，公司累计出动抢修人员47人·次，车辆15辆·次，所有停电线路都已恢复送电。

（三）“4”维指数评价情况

1. 三级防台标准确定情况

按照三级防台标准细则确定各网格防台标准，形成全县三级防台标准网格分布图，可以看到文成县域网格均属于次要防台区，如表 5－46 所示。

表 5－46　　文成县各网格三级防台标准确定情况

网格编号	网格名称	供电区域划分（10 分）	50 年一遇基准风速风区（80 分）	历史受灾概率（10 分）	三级防台标准总分	防台区等级
1	百丈漈-南田网格	4	60	5.22	69.22	次要防台区
2	大峃镇东北网格	6	60	5.22	71.22	次要防台区
3	大峃镇西南网格	6	60	5.22	71.22	次要防台区
4	黄坦-西坑网格	4	60	5.22	69.22	次要防台区
5	巨屿-峃口网格	4	60	5.22	69.22	次要防台区
6	珊溪网格	4	60	5.22	69.22	次要防台区
7	玉壶网格	4	60	5.22	69.22	次要防台区

注　加权所得分值大于或等于 80 为重点防台标准，大于或等于 60 并小于 80 为次要防台标准，小于 60 为一般防台标准

2. 四维指数评价情况

文成县各网格四维评价指数得分总体情况如表 5－47 所示。根据三级防台标准，现状存在 4 个尚未达标的网格。

表 5－47　　文成县四维指数现状评分情况表

网格编号	网格名称	电网坚强指数（20 分）	设备可靠指数（30 分）	运维管理指数（30 分）	应急保障指数（20 分）	总分	对应防台区达标情况
1	百丈漈-南田网格	15.58	19	26.07	13.16	73.81	基本达到
2	大峃镇东北网格	17.69	14.7	25.07	15.96	73.42	基本达到
3	大峃镇西南网格	17.23	21.01	24.47	13.89	76.6	基本达到
4	黄坦-西坑网格	16	17.55	25.07	13.68	72.3	基本达到
5	巨屿-峃口网格	17.53	18.47	26.07	14.16	76.23	基本达到
6	珊溪网格	14.25	17.8	24.45	14.07	70.57	基本达到
7	玉壶网格	14.14	21.51	19.6	11.93	67.18	尚未达到

具体从电网坚强指数、设备可靠指数、运维管理指数、应急保障指数等四方面分别分析各网格的薄弱指标。

（1）电网坚强指数。

分别计算出各网格电网坚强指数得分情况，如表 5－48 所示。

表 5-48　　电网坚强指数得分情况

网格编号	网格名称	110（35）kV 及以上网架坚强（6分）	中压配网网架坚强（14分）	合计（20分）
1	百丈漈-南田网格	6	9.58	15.58
2	大岇镇东北网格	6	11.69	17.69
3	大岇镇西南网格	6	11.23	17.23
4	黄坦-西坑网格	6	10	16
5	巨屿-岇口网格	6	11.53	17.53
6	珊溪网格	6	8.25	14.25
7	玉壶网格	6	8.14	14.14

下面对得分较低的网格的弱项指标进行重点分析：

1）百丈漈—南田网格：电网坚强指数方面得分率较高，但也存在部分指标得分率较低。主要原因：百丈变电站转供能力 11MW，最大负荷 20.39MW，转供能力不足；现状网格内 6 条线路分段不合理和 6 条线路“$N-1$”校验不通过，目前已积极安排配网项目，提高网格坚强指数。此外秒级可中断负荷、灵活互动源储资源及黑启动电源配置容量等方面配置不足，影响电网坚强指数评分。

2）大岇镇东北网格：电网坚强指数方面得分率较高，但也存在部分指标得分率较低。主要原因：文成变电站转供能力 30MW，最大负荷 35.4MW，转供能力不足；另外网格内秒级可中断负荷、灵活互动源储资源及黑启动电源配置容量等方面配置不足，影响电网坚强指数评分。

3）大岇镇西南网格：电网坚强指数方面得分率较高，但也存在部分指标得分率较低。主要原因：栖霞变电站转供能力 30MW，百丈变电站最大负荷 18.44MW，栖霞变电站负荷无法转移，转供能力不足；可中断、调节负荷规模占比和灵活互动源储资源占重要负荷比例为零，影响电网坚强指数评分。

4）黄坦-西坑网格：电网坚强指数方面得分率较高，但也存在部分指标得分率较低。主要原因：110kV 变电站负荷转移能力，此网格无 110kV 变电站；秒级可中断负荷、灵活互动源储资源及黑启动电源配置容量等方面配置不足，影响电网坚强指数评分。

5）巨屿-岇口网格：电网坚强指数方面得分率较高，但也存在部分指标得分率较低。主要原因：巨屿变电站转供能力 10MW，最大负荷 18.5MW，转供能力不足；10kV 沙一H968 线分段不合理；灵活互动源储资源及黑启动电源配置容量等方面配置不足，影响电网坚强指数评分。

6）珊溪网格：电网坚强指数方面得分率较高，但也存在部分指标得分率较低。主要原因：10kV 滨江 H889 线、珊溪 H886 线分段不合理；110kV 变电站负荷转移能力，此网格无 110kV 变电站；网格内秒级可中断负荷、灵活互动源储资源等方面配置不足，影响电网坚强指数评分。

7）玉壶网格：电网坚强指数方面得分率较高，但也存在部分指标得分率较低。主要原因：网格内110kV变电站负荷转移能力，此网格无110kV变电站；现状玉壶所辖线路吕溪H874线、大南H877线分段不合理；网格内秒级可中断负荷、灵活互动源储资源等方面配置不足，影响电网坚强指数评分。

（2）设备可靠指数。

分别计算出各网格设备可靠指数得分情况，如表5-49所示。

表5-49　设备可靠指数得分情况

网格编号	网格名称	110（35）kV及以上线路抗风合格率（8分）	变电站可靠（8分）	配网线路达标率（14分）	合计（30分）
1	百丈漈-南田网格	7.2	4	7.8	19
2	大峃镇东北网格	3.34	4	7.36	14.7
3	大峃镇西南网格	7.34	6	7.67	21.01
4	黄坦-西坑网格	6	4	7.55	17.55
5	巨屿-峃口网格	7.2	4	7.27	18.47
6	珊溪网格	6	4	7.8	17.8
7	玉壶网格	8	4	9.51	21.51

下面对得分较低的网格的弱项指标进行重点分析：

1）百丈漈-南田网格：设备可靠性指数方面主要是由于网格内配网线路方面钢管杆配比不足；存在西里H902线、上塘H901线、南一H896线、南二H921线等运行年限超15年的架空线路；抗风设计标准不达标；网格内无全户内变电站，百丈变电站和南田变电站均为户外变电站；百丈变电站和南田变电站均未配置第三路电源；现状自动化有效覆盖率达到96.15%，因三遥开关的建设难度较大，导致网格现状配电自动化自愈能力较差，后续需逐步提升。

2）大峃镇东北网格：设备可靠性指数方面主要是由于网格内配网线路方面钢管杆配比不足、存在部分线路运行年限超过15年的架空线路，抗风设计标准不达标；网格内无全户内变电站，未配置第三路电源；现状自动化有效覆盖率达到93.75%，因三遥开关的建设难度较大，导致网格现状配电自动化自愈能力较差，后续需逐步提升。

3）大峃镇西南网格：设备可靠性指数方面主要是由于网格内栖霞变所用变电源均来自所属变电站，未配置第三路电源；网格现状存在部分10kV线路的设计标准和杆塔埋深及杆径不满足抗台风设计标准；现状自动化有效覆盖率达到93.75%以上，因三遥开关的建设难度较大，导致网格现状配电自动化自愈能力较差。

4）黄坦-西坑网格：设备可靠性指数方面主要是由于黄坦-西坑网格无500kV及220kV线路，110（35）kV线路还有一条未满足该区域风区要求，35kV及以上有老旧杆塔的线路比例偏高；网格内黄坦变和西坑变防涝措施合格，为户外变电站，所用变电源均来自所属变电站，未配置第三路电源；网格现状南坑H840和富康H849为2018年新建线路，其他线路均为运行年限超15年的架空线路；网格平均人力运距不足；自动化有效覆盖率达到94.2%，因三遥开关的建设难度较大，导致网格现状配电自动化自愈能力较差。

5）巨屿-岀口网格：设备可靠性指数方面主要是110（35）kV及以上线路抗风合格率：网格内巨屿变防涝措施合格，为户外变电站，所用变电源均来自所属变电站，未配置第三路电源；现状顺昌H971线、沙一H968线、南翔H972线、南铜H976线自动化未覆盖；自动化有效覆盖率达70%以上，因三遥开关的建设难度较大，导致网格现状配电自动化自愈能力较差。

6）珊溪网格：设备可靠性指数方面主要是由于网格内珊溪变防涝措施合格，为户外变电站，所用变电源均来自所属变电站，未配置第三路电源，网格现状存在部分10kV线路的设计标准和杆塔埋深及杆径不满足抗台风设计标准，存在部分运行年限超过15年的架空线路；山区地形交通网存在仅一条路；现状自动化有效覆盖率达到96.15%，因三遥开关的建设难度较大，导致网格现状配电自动化自愈能力较差。

7）玉壶网格：设备可靠性指数方面主要是由于网格内玉壶变防涝措施合格，为户外变电站，所用变电源均来自所属变电站，未配置第三路电源；网格现状存在部分运行年限超过15年的架空线路；网格平均人力运距不足；网格自动化有效覆盖率达到70%以上，因三遥开关的建设难度较大，导致网格现状配电自动化自愈能力存在不足等问题。

（3）运维管理指数。

分别计算出各网格运维管理指数得分情况，如表5－50所示。

表5－50　运维管理指数得分情况

网格编号	网格名称	变电隐患排查治理指数（7分）	输电隐患排查治理指数（7分）	配电隐患排查治理指数（10分）	灾情监测覆盖指数（6分）	合计（30分）
1	百丈漈-南田网格	7	6.07	10	3	26.07
2	大岀镇东北网格	7	6.07	10	2	25.07
3	大岀镇西南网格	7	5.47	10	2	24.47
4	黄坦-西坑网格	7	6.07	10	2	25.07
5	巨屿-岀口网格	7	6.07	10	3	26.07
6	珊溪网格	5.8	5.65	10	3	24.45
7	玉壶网格	5.8	5.94	4.86	3	19.6

下面对得分较低的网格的弱项指标进行重点分析：

1）百丈漈-南田网格：运维管理指数方面主要是灾情监测覆盖指数较低，主要是因为路分布广，后续需增加故障指示器的安装；百丈变电站和南田变电站未安装水位监测装置，有视频监测；线路分布式故障仪及视频未覆盖；网格现状输电线路应急预案完备率较低，目前共4种，已准备2种；无地质灾害点；薄弱杆塔加固比例影响评分，目前已发现60处，已处理50处，其余正在整治加固。

2）大岀镇东北网格：运维管理指数方面主要是灾情监测覆盖指数较低，文成变电站未安装水位监测装置，有视频监测；线路分布式故障仪及视频未覆盖；网格现状输电线路应急预案完备率较低，目前共 4 种，已准备 2 种；无地质灾害点；薄弱杆塔加固比例影响评分，目前已发现 60 处，已处理 50 处，其余正在整治加固。

3）大峃镇西南网格：运维管理指数方面主要是老旧配网线路抗风整治率较低，架空线路因钢管杆比例不足，无法满足抗风标准；网格现状输电线路应急预案完备率（共 4 种，已准备 2 种）、通道异物整治率（共 10 处，已完成 6 处）、地质灾害点设备整治率、薄弱杆塔加固比例均达（共 60 处，已完成 50 处）；栖霞变电站未安装水位监测装置；线路分布式故障仪及视频未覆盖。

4）黄坦-西坑网格：运维管理指数方面主要是灾情监测覆盖指数较低，网格现状输电线路应急预案完备率较低，目前共 4 种，已准备 2 种；无地质灾害点；网格现状线路分布式故障仪及视频监测装置，变电站水位监测装置，地下、低洼配电房水位监测装置等覆盖率为零，导致指数不得分，影响运维管理指数评分。

5）巨屿-峃口网格：运维管理指数方面主要是灾情监测覆盖指数较低，网格现状输电线路应急预案完备率较低，目前共 4 种，已准备 2 种；无地质灾害点；网格现状老旧配网线路抗风整治率较低，主要是架空线路由于钢管杆比例不足，无法满足抗风标准、网格内巨屿变电站未安装水位监测装置等，影响运维管理指数评分。

6）珊溪网格：运维管理指数方面主要是灾情监测覆盖指数较低，网格现状输电线路应急预案完备率较低，目前共 4 种，已准备 2 种；无地质灾害点；网格现状老旧配网线路抗风整治率较低，主要是架空线路由于钢管杆比例不足，无法满足抗风标准、网格内珊溪变电站未安装水位监测装置等，影响运维管理指数评分。

7）玉壶网格：运维管理指数方面主要是灾情监测覆盖指数较低，网格现状输电线路应急预案完备率较低，目前共 4 种，已准备 2 种；无地质灾害点；网格现状老旧配网线路抗风整治率较低，主要是架空线路由于钢管杆比例不足，无法满足抗风标准、网格内玉壶变电站未安装水位监测装置等，影响运维管理指数评分。

（4）应急保障指数。

分别计算出各网格应急保障指数得分情况，如表 5-51 所示。

表 5-51　　应急保障指数得分情况

网格编号	网格名称	应急体系（2分）	人员保障（6分）	物资装备保障（4分）	安全保障（3分）	恢复速度（5分）	合计（20分）
1	百丈漈-南田网格	2	4	2	3	2.16	13.16
2	大峃镇东北网格	2	6	3	3	1.96	15.96
3	大峃镇西南网格	2	4	3	3	1.89	13.89
4	黄坦-西坑网格	2	4	3	3	1.68	13.68
5	巨屿-峃口网格	2	6	1	3	2.16	14.16
6	珊溪网格	2	6	1	3	2.07	14.07
7	玉壶网格	2	4	1	3	1.93	11.93

下面对得分较低的网格的弱项指标进行重点分析：

1）百丈漈-南田网格：应急保障指数方面主要是在强台风天气影响下，发生大面积线路故障停电时；装备配置不齐全，目前供电所已配备的装备种类为发电机、大型照明设备、无人机、油锯/高枝锯；重要变电站值守率低，百丈变和南田变不是重要变电站；水涝问题造成灾情抢修时间过长，由于百丈漈-南田网格受“利奇马”影响较小，所以抢修恢复速度达标。

2）大峃镇东北网格：应急保障指数方面主要是在强台风天气影响下，发生大面积线路故障停电时；装备配置不齐全，目前未配置越野车、卫星电话、大型照明设备、排水泵；水涝问题造成灾情抢修时间过长，由于大峃镇东北网格受“利奇马”影响较小，所以抢修恢复速度达标。

3）大峃镇西南网格：应急保障指数方面主要是在强台风天气影响下，发生大面积线路故障停电时；装备配置不齐全，目前未配置越野车、卫星电话、大型照明设备、排水泵；水涝问题造成灾情抢修时间过长，由于大峃镇西南网格受“利奇马”影响较小，所以抢修恢复速度达标。

4）黄坦-西坑网格：应急保障指数方面主要是在强台风天气影响下，发生大面积线路故障停电时，装备配置不齐全，水涝问题造成灾情抢修时间过长。

5）巨屿-峃口网格：应急保障指数方面主要是在强台风天气影响下，发生大面积线路故障停电时，装备配置不齐全，水涝问题造成灾情抢修时间过长，由于巨屿-峃口受“利奇马”影响较小，所以抢修恢复速度达标。

6）珊溪网格：应急保障指数方面主要是在强台风天气影响下，发生大面积线路故障停电时，装备配置不齐全，水涝问题造成灾情抢修时间过长，由于珊溪网格受“利奇马”影响较小，所以抢修恢复速度达标。

7）玉壶网格：应急保障指数方面主要是在强台风天气影响下，发生大面积线路故障停电时，装备配置不齐全，水涝问题造成灾情抢修时间过长，由于玉壶网格受“利奇马”影响较小，所以抢修恢复速度达标。

（四）二元系数评价情况

表5-52分别列出各网格经济发展系数和灾情灾害系数得分，通过计算得出文成县各网格综合得分。具体网格分布情况如图5-13所示。

表5-52　文成县综合评估得分情况

网格编号	网格名称	四维指数得分	经济发展系数		灾情灾害系数		综合评估得分
			得分	系数X	得分	系数Y	
1	百丈漈-南田网格	73.81	78	1.2	64.2	1.2	106.29
2	大峃镇东北网格	73.42	82	1	67.97	1.2	88.10
3	大峃镇西南网格	76.6	92	1	63.41	1.2	91.92
4	黄坦-西坑网格	72.3	77.67	1.2	64.2	1.2	104.11
5	巨屿-峃口网格	76.23	78	1.2	70.58	1.2	109.77

续表

网格编号	网格名称	四维指数得分	经济发展系数		灾情灾害系数		综合评估得分
			得分	系数 X	得分	系数 Y	
6	珊溪网格	70.57	78	1.2	68.91	1.2	101.62
7	玉壶网格	67.18	78	1.2	65.5	1.2	96.74

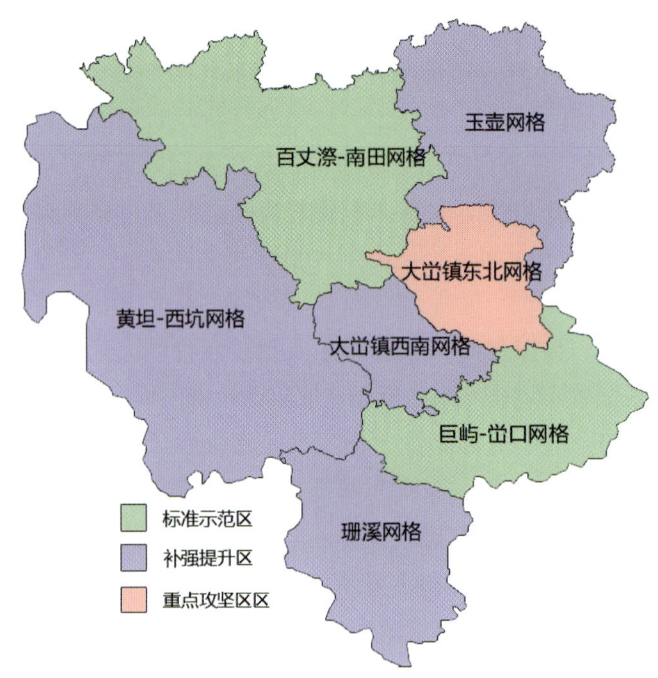

图 5-13　文成县综合评估得分情况网格分布图

（五）提升措施及成效分析

文成县各网格弱项指标经过补强措施实施，预估提升后的得分如表 5-53 所示。

表 5-53　文成县四维指数提升情况表

网格编号	网格名称	电网坚强指数（20分）		设备可靠指数（30分）		运维管理指数（30分）		应急保障指数（20分）		总分	
		提升前	提升后	提升前	提升后	提升前	提升后	提升前	提升后	提升前	提升后
1	百丈漈-南田网格	15.58	20	19	29	26.07	30	13.16	19	73.81	98
2	大峃镇东北网格	17.69	20	14.7	29	25.07	30	15.96	19	73.42	98
3	大峃镇西南网格	17.23	20	21.01	30	24.47	30	13.89	19	76.6	99
4	黄坦-西坑网格	16	20	17.55	29	25.07	30	13.68	20	72.3	99
5	巨屿-峃口网格	17.53	20	18.47	29	26.07	30	14.16	19	76.23	98
6	珊溪网格	14.25	20	17.8	29	24.45	30	14.07	20	70.57	99
7	玉壶网格	14.14	20	21.51	29	19.6	30	11.93	20	67.18	99

各网格具体规划成效如下所述：

1）百丈漈-南田网格属于次要防台标准，网格现状指标得分为 73.81 分，基本达到高弹性电网防台抗灾建设标准，通过对网格现状薄弱指标逐项整改，四类指标均能得到显著提升，整改后预得分 98.0 分，能全面达到高弹性电网防台抗灾建设标准。

2）大峃镇东北网格属于次要防台标准，网格现状指标得分为 73.42 分，基本达到高弹性电网防台抗灾建设标准，通过对网格现状薄弱指标逐项整改，四类指标均能得到显著提升，整改后预得分 98.0 分，能全面达到高弹性电网防台抗灾建设标准。

3）大峃镇西南网格属于次要防台标准，网格现状指标得分为 76.6 分，基本达到高弹性电网防台抗灾建设标准，通过对网格现状薄弱指标逐项整改，四类指标均能得到显著提升，整改后预得分 99.0 分，能全面达到高弹性电网防台抗灾建设标准。

4）黄坦-西坑网格属于次要防台标准，网格现状指标得分为 72.3 分，基本达到高弹性电网防台抗灾建设标准，通过对网格现状薄弱指标逐项整改，四类指标均能得到显著提升，整改后预得分 99.0 分，能全面达到高弹性电网防台抗灾建设标准。

5）巨屿-峃口网格属于次要防台标准，网格现状指标得分为 76.23 分，基本达到高弹性电网防台抗灾建设标准，通过对网格现状薄弱指标逐项整改，四类指标均能得到显著提升，整改后预得分 98.0 分，能全面达到高弹性电网防台抗灾建设标准。

6）珊溪网格属于次要防台标准，网格现状指标得分为 70.57 分，基本达到高弹性电网防台抗灾建设标准，通过对网格现状薄弱指标逐项整改，四类指标均能得到显著提升，整改后预得分 99 分，能全面达到高弹性电网防台抗灾建设标准。

7）玉壶网格属于次要防台标准，网格现状指标得分为 67.18 分，尚未达到高弹性电网防台抗灾建设标准，通过对网格现状薄弱指标逐项整改，四类指标均能得到显著提升，整改后预得分 99 分，能全面达到高弹性电网防台抗灾建设标准。

（六）结论与建议

通过以上县域各网格抗台、防台水平的对比分析，各网格分析结果符合文成县域实际情况，此评价体系适用于文成县。

十三、泰顺县供电公司评价分析情况

泰顺县根据三级防台标准确定细则，雅阳网格所属重要防台区，其他 9 个网格属于次要防台区，根据四维指数得分及高弹性电网防台抗灾三级防台标准判定罗阳新城网格、南院网格、司前网格、泗溪网格、筱村网格、仕阳网格 6 个网格基本达到高弹性电网防台抗灾建设标准；罗阳老城网格、三魁网格、雅阳网格、彭溪网格 4 个网格尚未达到高弹性电网防台抗灾建设标准。与其他县域网格抗台、历史防台水平的对比分析，可以看出，符合泰顺实际情况。通过对各网格现状薄弱指标逐项整改，四类指标均得到显著提升，整改后各网格均能全面达到高弹性电网防台抗灾建设标准。为了泰顺县能全面达到高弹性电网防台抗灾建设标准，提高县域供电可靠性，保障人民的用电安全。希望省、市公司能给予高弹性电网防台抗灾相关项目的资金支持。

十四、洞头供电服务部评价分析情况

本次评价采用高弹性电网防台抗灾“1248”评价体系，调研洞头区各网格供电类型、50 年一遇基准风速风区、历史受灾概率等数据，按照三级防台标准细则确定各网格防台标准，确定两个网格为重点防台区。

结合洞头区现状电网情况，从电网建成指数、设备可靠指数、运维管理指数、应急保障指数四个维度出发进行评价，评判各网格得分情况，确定现有两个供电网格尚未达到高弹性电网防台抗灾建设标准。为此针对各类指标得分情况查找薄弱环节，分析形成原因。以四维指数评价为基础，结合经济发展系数和灾情灾害系数二元系数，对各网格进行综合评价，确定本岛网格为重点攻坚区、大小门网格为补强提升区，精准指导高弹性电网防台抗灾建设的关键工作时序和投资倾向。结合四维指数评价弱项指标评价情况，针对性提出整改措施及落实年限，形成高弹性电网防台抗灾提升措施汇总表，指导未来高弹性电网防台抗灾建设工作。截至 2023 年，通过各项提升措施的有效落实，洞头区四维指数各项指标得到显著提升，预计本岛网格四维指数总评分由 67.58 分提升至 94.50 分，大小门网格由 60.35 分提升至 90.10 分。

目前，洞头区正在建设大数据中心，从公司角度来看，通过该平台，可以掌握用户用能数据，为高弹性电网防台抗灾建设提供数据支撑。积极引导社会资本参与分布式电源建设，鼓励企业和用户自主建设光伏发电系统，引进新能源建设厂商或综合能源公司参与光伏电站、风电站和潮汐电站的建设与运营，丰富地区电源型式。建立需求侧响应策略，通过价格信号引导用户错峰用电，与大工业用户签订相关协议，鼓励企业改善工艺和生产流程，为系统提供可中断负荷、可控负荷等辅助服务，实现快速灵活的需求侧响应。争取政府部门的政策和资金支持，实时掌握地区城市建成发展动态，推动地区政府、村居配合通道整治和线路改造等工程。

第四节 温州高弹性电网防台抗灾建设全域分析

国网浙江省电力有限公司温州供电公司坚决贯彻落实省公司高弹性电网防台抗灾建设各项战略部署，以三层三级四维评价体系为指导，加快温州落地实践，在“334”评价结果的基础上，按照“一格一策”的方针提出弱项指标提升方案。同时，结合温州经济社会发展与电网实际状况，因地制宜，创新提出经济发展和灾情灾害二元系数对“334”体系评价结果进行提升方案优化排序筛选，精准提升防台抗台的 8 方面工作，形成省公司“334”评价体系在温州市的落地实践——温州“1248”管控模式。目前，已高质量完成 178 个网格评价打分，12 个县市区提升分析专项报告。

一、工作背景

2020 年，国网浙江省电力有限公司温州供电公司总经理张彩友提出“全力打造‘不怕台风的电网’，高质量推动温州供电公司防台减灾示范窗口建设”的工作指示。按照公司领导“走在前，做示范”的要求，温州供电公司立足于浙江公司“三层三级四维”评

价体系，总结历年防台抗台经验，以“全寿命周期、高质量发展、差异化防台”三个维度为纲要，深化提出“1248”评价体系，全力推动高弹性电网防台抗灾建设在温州落地实践。自工作启动以来，温州供电公司上下一心，从组织体系、评价体系、指挥体系全方位着手，责任清晰、目标明确，有条不紊地推进各项工作。

（一）第一轮评价总体效果

推进高弹性电网防台抗灾建设以“1248”评价体系为重要工具和抓手，对电网抵御台风的能力及其运维水平、应急能力等进行指标量化分析，以求真实体现各区域电网的台风抵御能力和各属地单位的运维管理水平，并为后续管理提升和电网投资提供思路和方向。

评价体系创立后，随即在全市范围开展了第一轮评价工作。从第一轮评分的结果分析，覆盖了防台防汛工作的主要核心及重点问题，基本达到预期效果。针对单一区域电网来看，能够有针对性地如实反映区域电网抗台薄弱环节，识别薄弱网格，实现高弹性电网防台抗灾建设标尺的作用；但放大到全市尺度，由于涉及不同单位打分，使衡量同一问题下的尺度不统一，造成了全域标准化管理上的障碍，同时对达标网格的标准造成混淆。

第一轮评价结果，暴露出评价体系仍存在以下不足：

(1) 运维管理指标和应急保障指标是反映台风防灾减灾抗灾实际管理水平的重要指标，但缺少日常的客观数据支撑，容易根据个人印象形成主观判断影响造成打分失真。

(2) 指标颗粒度细化程度仍需加强，如部分电网坚强指标形成一刀切的模式，没有结合海边、平原、山区等环境条件进行差异化细化，无形中提高了建设标准，例让部分满足要求的网格额外扣分。

(3) 部分指标针对全市层级，导致各县域指标得分趋同，从而稀释了其他重要指标的权重，导致评分结果不能体现县域差异。

（二）指标修正与体系完善

温州供电公司始终不放松对评价体系的持续完善工作。第一轮评分结束后，将评分情况作为第一手反馈资料，总结检查开展后评估，制定优化提升计划，形成闭环完善流程，力求指标体系实用、好用，评分结果贴合实际、不失真。

体系总体提升思路：以“全寿命周期、高质量发展、差异化防台”三个维度为纲要，应用大数据等技术挖掘电网指标与台风防护关联程度，细化主观因素指标的颗粒度，聚类同类指标，删除或调整相关度不强和操作性较低的指标，综合电网设备、网架、管理、恢复等多层面的指标分析，优化评价指标体系的指标设置。

1. 引入弹性评分机制

对于指标中因个别因素造成重大影响，而分值不能真实表达其重要性的指标，此次修正中引入倒扣分机制。例如，变电站内部隐患缺陷整治率，如果因为内部建筑物坍塌、漏水，或设备构架、避雷针倾斜、倾覆等原因造成变电站被迫拉停，将导致供区内无法转供的负荷失电的严重后果。因此，如果出现上述隐患缺陷则指标项不得分并且进行扣分，仅在不出现所述缺陷隐患时，才可适用定义的计算方法进行评分。

设立附加分指标，如针对重点区域制定“一所一预案”“一线一预案”特地设立深化应急体系建设指标。此项指标不做强制性要求，但对于满足该指标的网格认为防台经验充足，作为附加分值体现。

2. 合理优化指标权重

提升部分具有较强可操作性、提升空间大的指标权重，细化得分区间，进一步拉开各地评分差距，以便真实反映各地区实际情况和地区差异。例如，全面提升 110（35）kV 网架标准化率、10（20）kV 线路分段合理率、10（20）kV 线路转供通过率、110（35）kV 线路抗风合格率、10（20）kV 线路抗风合格率等指标的权重，旨在通过评分结果，为 110kV 以及下配网层面尤其是中压配电网的网架提升和设备升级提供参考和导向。此外，针对灾情灾害系数中风力区域分布指标，提高权重的同时按照风区进一步细化评分区间，强化网格间的差异，提高灾情灾害系数筛选能力。

同时，对相关度不强和操作性较低的指标进行弱化。如灾情灾害系数中受灾频次指标，因为小区域台风受灾次数标准无法严格界定，仅能通过市域范围受灾频次进行统计，各区县该指标得分一致，所以本次删除了该项指标。此外，500、220kV 层面电网网架和设备涉及省公司层面，决策链条较长，区县无法通过自身努力形成结果，短时间内难以提升，因此减小 500、220kV 的网架、线路指标权重。

3. 细化指标颗粒度

对部分指标的应用场景、依据的标准进行细化规定，使打分结果不偏离指标设计的初衷，消除各单位对指标理解的偏差而导致的打分尺度不统一的现象，使评分结果更趋于合理。例如，10（20）kV 网架标准化率指标，针对不同类型供电区域，对其建设形式、标准接线、有效联络做了详细规定；对应急保障指数进行了详细剖析，增加了机械化信息化联动、后勤保障等因素，加入提前储备、主动补给、快速配速等评分因素，使评分因素更全面，计算公式更科学。

4. 统一和明确取数标准

原运维管理指标和应急保障指标两个维度指标中，多数计算公式没有客观数据的来源，打分时容易主观评判，造成评分失真。此次针对两个维度的指标修正后，使其计算公式中的数据均能从现行应用的系统、平台或是日常工作报表中获取，实现由客观数据为依据的计算，方便评分，且得分结果真实且具有说服力。配网运维合格率、配网设备运维能力、安全稽查能力、抢修恢复时长达标率等指标的计算方法都有明确数据来源。例如，输电设备运维能力指标中巡视计划执行率取自输电班组记录的巡视表，输电线路重合成功率取自供服系统。

5. 加入指标导向性因素

将现阶段尚未深入开展，但具有较好应用前景抗台防台的提升措施和手段，体现在评分体系的指标中，起一定的导向作用。例如，在灾情普查全覆盖能力指标中融入高科技设备使用率和无人机巡线率评分因素，指挥应用指数指标中融入抗台指挥平台系统构建、纸质台账基础资料评分因素等。

（三）第二轮评价

第二轮评价基于修正完善后的评价体系开展，评分结果的准确性、差异化、导向性等较第一轮均有了一定程度的提升。评价结果对定位亟需提升的环节，指导高弹性电网防台抗灾建设的工作时序和投资倾向均有优秀的指导意义，同时指导各单位在台风季来临前对防台不达标、防台能力弱的网格提前部署，切实做好充分应对。

二、评价分析

（一）评价结果

温州地区地处东南沿海，风区分布多在27～37m/s区间，根据省公司334评级体系，近90%的网格属于重要防台区。图5-14为区县（市）防台区域分布示意图。

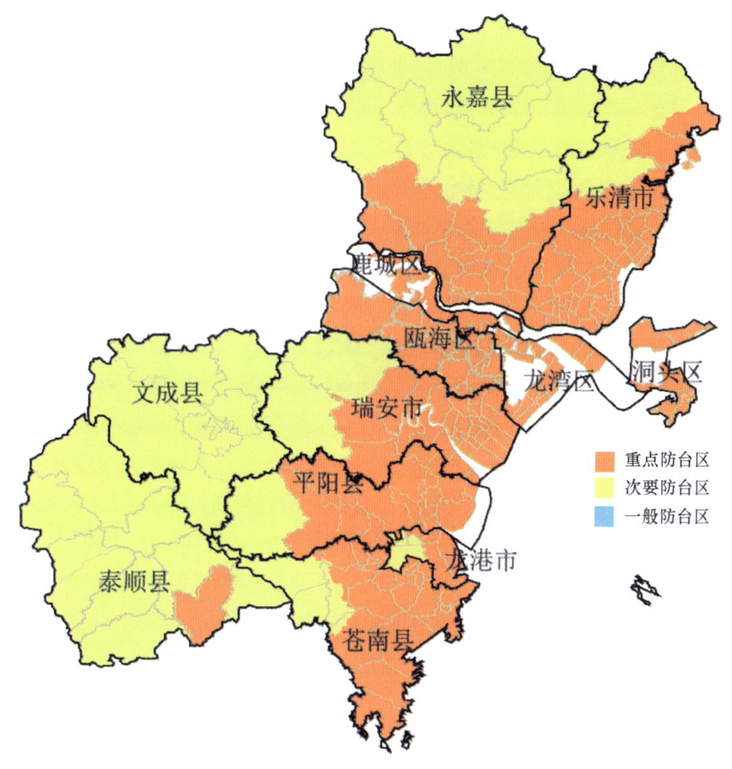

图5-14 区县（市）防台区域分布示意图

在本次第二轮评价中，温州供电公司全面完成全域范围共计238个网格的评价打分，其结果基本符合实际情况，四维指数得分以及总分如表5-54所示和图5-15所示。

表5-54 区县（市）"334"评分情况明细

县区	电网坚强	设备可靠	运维管理	应急保障	总分	防台区等级
鹿城	15.88	24.95	25.13	15.60	81.56	重要防台区
龙湾	15.43	22.54	24.37	17.08	79.42	重要防台区
瓯海	15.77	22.34	22.39	16.47	76.96	重要防台区

续表

县区	电网坚强	设备可靠	运维管理	应急保障	总分	防台区等级
平阳	16.46	22.84	20.47	14.14	73.92	重要防台区
文成	18.49	21.25	20.22	13.93	73.89	次要防台区
瑞安	16.55	19.05	19.55	17.51	72.66	重要防台区
永嘉	16.88	22.06	18.73	14.22	71.90	重要防台区
泰顺	17.29	20.56	20.40	12.28	70.53	次要防台区
龙港	13.75	21.68	20.97	13.27	69.67	重要防台区
洞头	14.57	19.31	21.49	14.28	69.64	重要防台区
乐清	13.01	20.44	23.55	12.29	69.30	重要防台区
苍南	14.92	20.75	18.01	15.10	68.78	重要防台区

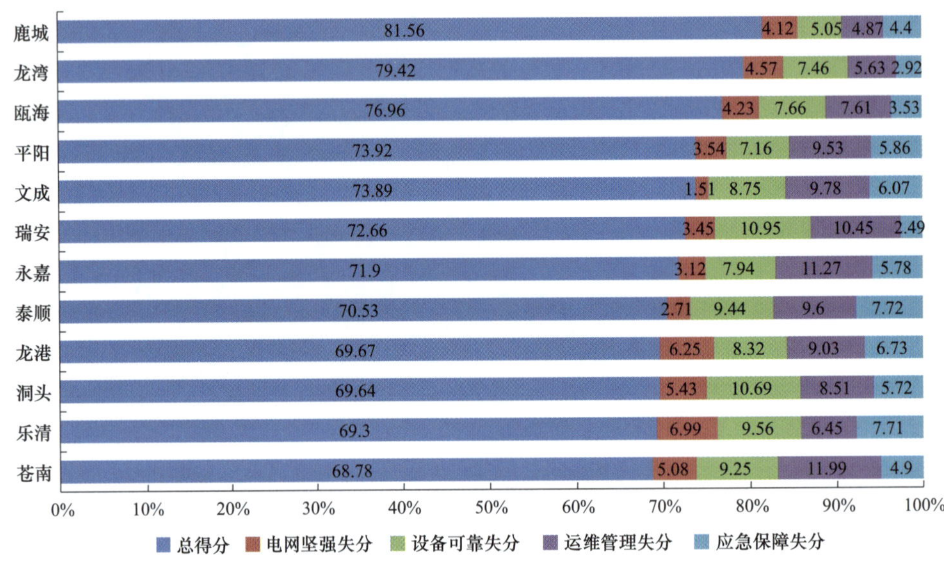

图 5-15 区县（市）评价总得分情况

根据直接体现抗台能力的四维指标评分结果（见图 5-16），以县域为单位，得分情况大致为三个梯队：第一梯队主要为鹿城、龙湾、瓯海，基本达到高弹性电网防台抗灾判定标准或接近该标准；第二梯队主要为平阳、文成、瑞安、永嘉、泰顺，通过相关措施完善后，可以基本达到高弹性电网防台抗灾标准；第三梯队主要为龙港、洞头、乐清、苍南，地处抗台一线，抗台防汛能力亟待提升。

（二）指标分析

1. 电网坚强指标

电网坚强指标主要评价各层级电网的转供能力、接线标准化水平，以及配电网灵活资源情况等。

（1）得分区间分布（见图 5-17）：文成最高，永嘉、泰顺次之，乐清、龙港、洞头、苍南等地区得分相对较低。文成、泰顺等地区，变电站布点已基本到位，网架建设已基

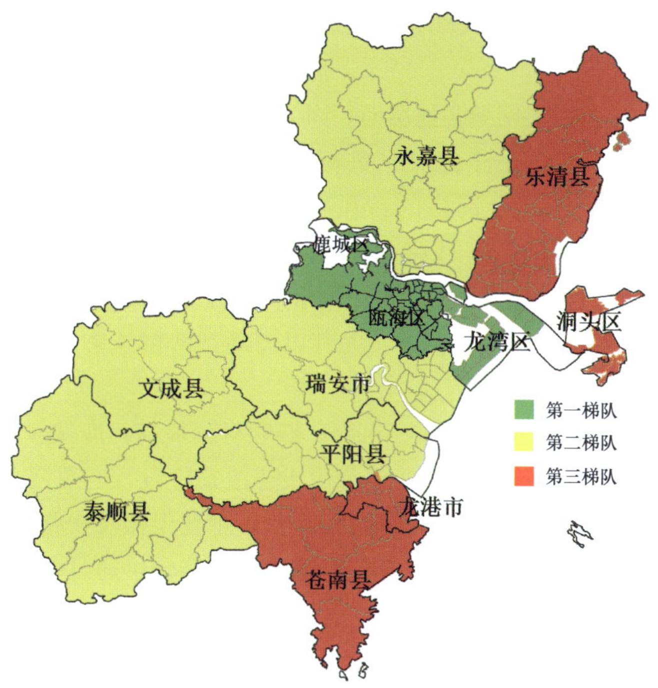

图 5-16　第二轮评价总分空间分布

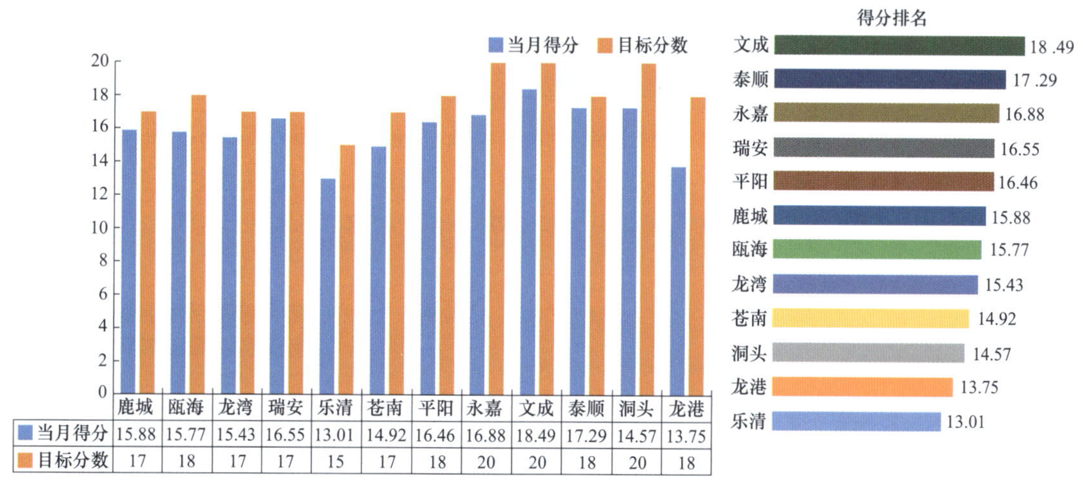

	鹿城	瓯海	龙湾	瑞安	乐清	苍南	平阳	永嘉	文成	泰顺	洞头	龙港
当月得分	15.88	15.77	15.43	16.55	13.01	14.92	16.46	16.88	18.49	17.29	14.57	13.75
目标分数	17	18	17	17	15	17	18	20	20	18	20	18

图 5-17　区县（市）电网坚强指数得分情况

本达到或接近远景规划网架，因此得分较高；而乐清、龙港等高速发展地区，电源变电站仍在规划建设阶段，网架处于过渡阶段，故失分较多。

（2）普遍失分点：10（20）kV 线路分段合理率满分 4 分，平均得分 2.91 分，因合理分段的定义需满足 DL/T 5729—2016《配网规划设计技术导则》的要求，每段负荷不宜超过 2MW，挂接配变较多的大分支线路会影响该指标；灵活互动源储资源满分 1 分，平均得分 0.65 分，因部分网格灵活互动源储资源配置不足；黑启动电源配置容量比例满分 1 分，平均得分 0.09 分，因黑启动局域网架的负荷平衡、启动电源的电压等级、容量和性能均有较高的要求，故全市仅部分具备条件的山区网格具备该项得分。

（3）全域差异情况：

1）110（35）kV 及以上网架坚强层面。因 220kV 里洋变电站为终端变电站，发生线路 $N-2$ 故障导致里洋变电站全停时，负荷无法全部通过 110kV 线路转供，存在一定缺口，致使影响鹿城区几个网格的台风状态下 220kV 线路 $N-2$ 通过率指标外，全市其他地区台风状态下 500kV 线路 $N-2$ 通过率、220kV 线路 $N-2$ 通过率均能得满分。110（35）kV 网架标准化率方面，主要是永嘉、洞头等偏远地区的部分 35kV 变电站仍存在部分单线或单变电站导致的失分，尤其以海岛型网格该情况比较突出，如洞头鹿西岛、平阳南麂岛等。

2）中压配网网架坚强层面。文成、永嘉、泰顺得分最高，鹿城、瑞安次之。得分最低为乐清，主要原因是乐清市整体仍处于负荷快速增长阶段，电源变电站布点未完全到位，网架接线也随着土地资源的开发不断过渡调整，主变压器及线路重载情况普遍存在，因此 10（20）kV 网架标准化率、线路分段合理率、线路转供通过率等指标得分均偏低。得分次低的龙港，存在 20kV 供区与周边变电站联络困难问题，导致线路转供通过率项目失分较多，且由于部分电源变电站未投运，配网线路跨网格长距离供电，导致线路标准接线占比、分段合理率、线路转供通过率等指标失分。

2. 设备可靠指标

设备可靠指标部分，主要评价主网抗风、变电站可靠、配网线路抗风、施工、交通等达标情况。

（1）得分区间分布（见图 5-18）：鹿城得分最高，随后为平阳、龙湾、瓯海等单位，得分差距并不大，瑞安、洞头、乐清得分相对较低。得分较低的区域基本处于沿海高风速带区域，相应的设计标准较高，因此设备可靠失分会比较多。

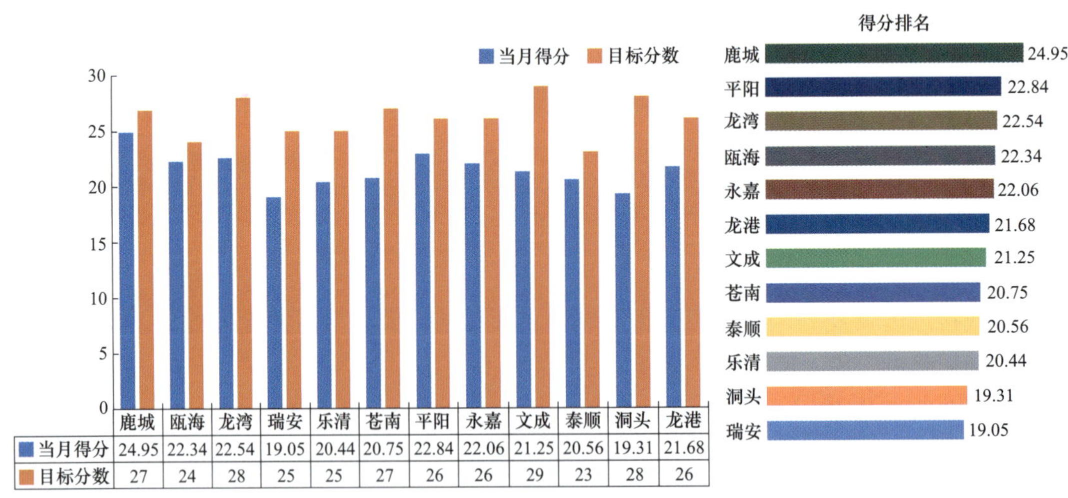

图 5-18　区县（市）设备可靠指数得分情况

（2）普遍失分点：全（半）户内变电站比例满分 1 分，平均得分 0.48 分，因全市范围内还存在相当数量的户外变电站；10（20）kV 线路抗风合格率满分 4 分，平均得分 1.78 分，根据最新发布的 2020 年浙江省风区分布图以及《国家电网有限公司加强电网防台抗台工作二十五项措施》要求，投运时间较早的配网线路基本不能满足现行防风设计标准；配电自动化自愈占比满分 2 分，平均得分 0.29 分，配电自动化需要配电终端的有效覆盖以及相应的系统支撑，电缆线路实现相对容易，架空线路按照现行规划技术导则，除 A 类供电区域外，B 类及以下供电区域基本推荐采用“二遥”自动化终端或故障指示器，故该指标除较发达市镇网格外较难得分。

（3）全域差异情况：110（35）kV 及以上线路抗风合格率方面。鹿城、瓯海位于第一梯队，接近满分；乐清、瑞安、洞头得分较低，主要失分原因是 110（35）kV 线路抗风合格率较低以及老旧杆塔较多。洞头、龙湾、瑞安三地处于沿海，线路设计风速较之前有所提高，220kV 线路抗风合格率失分相对较多。

变电站可靠方面。泰顺满分，鹿城接近满分。永嘉得分最低，主要原因是历史水淹变电站占比较大、且 220kV 及以上变电站配置第三路所用变电源占比偏低、光缆达标率不足等。洞头、龙港得分相对较低，其中龙港 220kV 及以上变电站配置第三路所用变电源占比指标不得分。

配网线路达标率方面。鹿城、永嘉、龙港位于第一梯队，上述三家单位在架空线路工程质量合格率均得满分，在抗风合格率、老旧线路合规率两个指数上也有较高得分。处于最末梯队的是泰顺、文成、洞头，洞头位于温州市最东侧，防强风典型气象区属于浙 D2 风速区，设计风速要求最高，因此线路抗风合格率得分为 0（瑞安、苍南、乐清等沿海区域的线路抗风合格率得分也偏低，基本符合实际情况）；泰顺、文成位于山区，洞头则需考虑岛屿间运输，使中压线路平均人力运距较长，交通可靠指数得分较低，也是导致三家单位配网线路达标率分数较低的重要原因。

3. 运维管理指标

运维管理指标主要评价变电、输电、配电隐患排查治理情况，以及灾情监测能力。

（1）得分区间分布（见图 5－19）：鹿城、龙湾、乐清得分最高，苍南、永嘉、瑞安相对较低。

（2）普遍失分点：配网运维合格率满分 3 分，平均得分 1.62 分，主要是除鹿城、瑞安等经济发达区外，山区、偏远地区等部分网格受制于客观因素和运维水平等原因影响，供服系统中导出的“运维不当故障数量”占比较大，用户故障平均时长较多，运维水平仍有待提升。配网线路抗风达标率满分 3 分，平均得分 0.98 分，主要原因由于防风标准的提高，按现行标准需要进行防风整治架空线路存有量仍比较大，需要通过改造、大修等工程逐步完善。

（3）全域差异情况：变电站隐患排查治理方面。鹿城、乐清得满分。永嘉扣 2.28 分，瑞安口 1.69 分，主要失分点均是变电站防水隐患整治不达标，原因为受制变电站站址历史洪涝和变电站既有标高，对其整改代价过大。

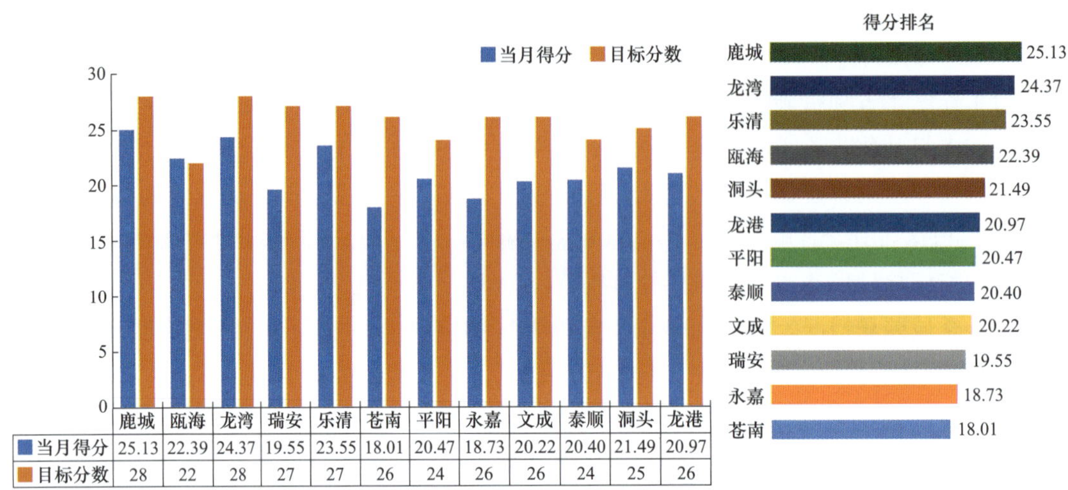

	鹿城	瓯海	龙湾	瑞安	乐清	苍南	平阳	永嘉	文成	泰顺	洞头	龙港
当月得分	25.13	22.39	24.37	19.55	23.55	18.01	20.47	18.73	20.22	20.40	21.49	20.97
目标分数	28	22	28	27	27	26	24	26	26	24	25	26

图 5-19 区县（市）运维管理指数得分情况

输电隐患排查治理方面。鹿城、瓯海、泰顺得满分。洞头公司扣 2.26 分，主要失分点在于洞头因海岛地形，大门网格存在单回架设或双回同杆架设变电站电源进线，触发了体系的倒扣分机制，使该全区域该项指数得分为零；苍南扣 1.8 分，主要原因是苍南薄弱杆塔加固工程进展缓慢；永嘉扣 1.09 分，主要受制政策处理原因，通道异物整治率较低。

配电隐患排查治理方面。从配电设施地质隐患、配网线路抗风达标率、配网设备运维能力、通道运维管理难度等几个方面指标考虑，城区网格的优势会比较明显，从实际得分看，龙湾、鹿城得分最高。苍南、泰顺得分最低，主要原因是山区或低洼地形网格地质条件差、通道运维难度较高等原因导致，不少网格均发生过倒杆或水淹导致 10 台及以上配备台区停运而导致配电设施地质隐患指标得分为零。

灾情监测覆盖方面。瑞安、泰顺得分领先。平阳扣 1.62 分，文成扣 1.27 分，原因为目前有较多变电站未安装水位监测装置，以及线路分布式故障仪未实现大范围覆盖。

4. 应急保障指标

应急保障指标主要评价应急体系，人员、物资、安全保障情况，以及灾情恢复速度。

（1）得分区间分布（见图 5-20）：瑞安、龙湾、瓯海得分最高，泰顺、乐清、龙港得分相对较低。

（2）普遍失分点：机械化信息化联动指数满分 2 分，平均得分 0.87 分，在大型特种机械的联动抢修能力上需要加强。物资保障指数满分 2 分，平均得分 1.38 分，主要原因为山区网格物资配送难度较大，配送时限超标。灾情普查全覆盖能力指数满分 1 分，平均得分 0.63 分，无人机、高科技设备等未全覆盖装备，灾情普查全覆盖能力不足。

（3）全域差异情况：应急体系方面。龙湾、龙港得满分。永嘉、平阳得分相对较低，永嘉主要失分项在应急预案完备指数，平阳失分项主要在抗台实战手册完备指数。

指挥保障体系方面。瓯海、乐清得分领先。泰顺、文成失分较多，主要失分项均在机械化信息化联动指数和物资保障指数，因两地受限于山区地形物资配送存在一定困难。

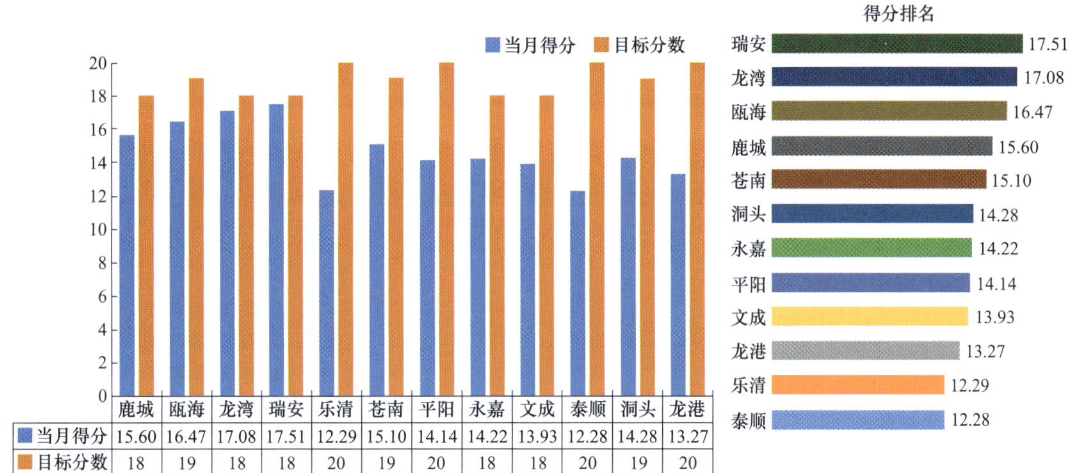

	鹿城	瓯海	龙湾	瑞安	乐清	苍南	平阳	永嘉	文成	泰顺	洞头	龙港
当月得分	15.60	16.47	17.08	17.51	12.29	15.10	14.14	14.22	13.93	12.28	14.28	13.27
目标分数	18	19	18	18	20	19	20	18	18	20	19	20

图 5－20　区县（市）应急保障指数得分情况

安全保障方面。龙港得满分。乐清得分最低，主要失分点在安全稽查能力指数。

恢复速度方面。瑞安、文成得分领先。龙港、乐清得分较低，龙港扣分的主要原因在中央商务区网格、芦蒲网格、巴曹网格应急保障指数得分较低，城东供电所因线路每百千米设备主人储备人数不足导致人员保障指数失分，在物资配备和装备配置上，各供电所均存在物资存储和装备配置不足，主要缺失大型照明设备、环网柜等；乐清方面主要是在强台风天气影响下，发生大面积线路故障停电时，抢修人员配置比例、计量装置恢复能力、灾情普查全覆盖等能力略显不足，此外种类装备配置不齐全。

（三）“262”网格评定

对全市 238 个网格得分结果进行汇总分析（见图 5－21），从得分区间来看，70～79 分的网格数量最多为 133 个，占比 54.27％，60～69 分、80～89 分数量位列 2、3，分别为 62 个，占比 29.06％；33 个，占比 14.10％，结果服从正态分布。

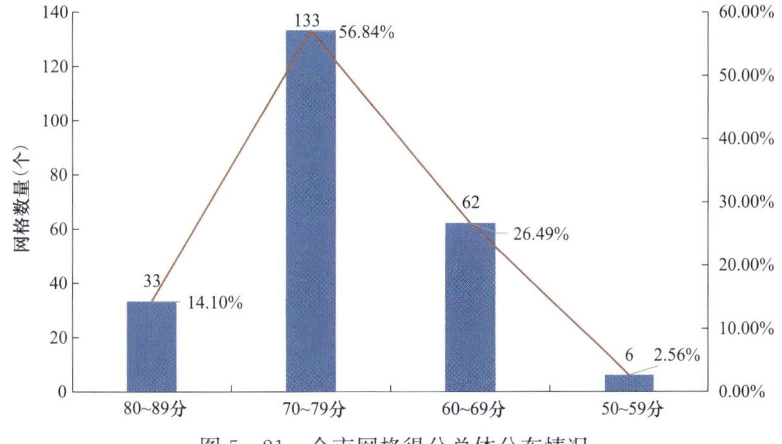

图 5－21　全市网格得分总体分布情况

将网格打分结果与巴莱多定律（28 定律）相结合，划定 262 区间，即得分进入前 20%的为优化提升网格，中间区段的 60%为持续补强网格，通过二元系数修正的后 20%作为高弹性电网防台抗灾重点攻坚网格。通过区间定位，高效提升温州市整体抗台减灾能力的同时提升投资收益率，精准划定亟需提升的环节，精准指导高弹性电网防台抗灾建设的关键工作时序和投资倾向。

根据四维指标打分前 20%进行排序，共 32 个网格划定为优化提升网格，最高分为鹿城中央绿轴网格 89.37 分。从各区域分布来看（见图 5－22），鹿城 10 个网格、龙湾 9 个网格、瓯海 6 个网格、永嘉 4 个网格、平阳 2 个网格、苍南 1 个网格。

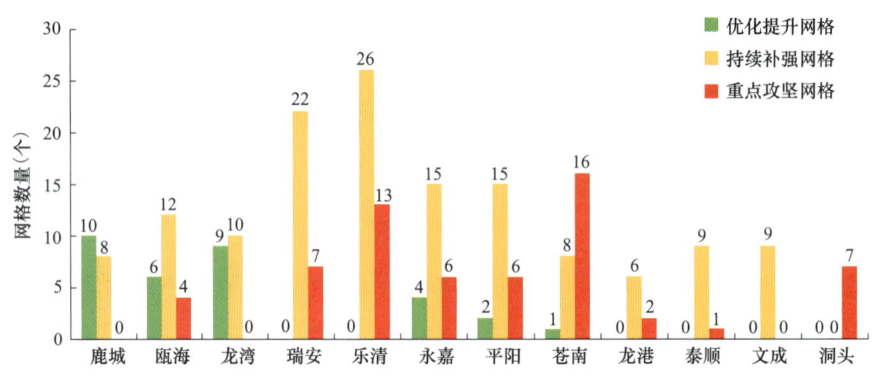

图 5－22　全市网格评分分布情况

重点攻坚网格为得分后 20%的网格，并结合精准投资思路，通过经济发展系数和灾情灾害系数对结果进行性差异化筛选。修正后，重点攻坚区主要分布为苍南 16 个网格、乐清 13 个网格、洞头 7 个网格、瑞安 7 个网格、永嘉 6 个网格、平阳 6 个网格、瓯海 4 个网格、龙港 2 个网格、泰顺 1 个网格。

从空间分布来看，标准示范区网格主要集中在市区一带，重点攻坚区基本属于沿海一线，以及洪涝灾害较为严重地区，基本符合近年抗台实际表现情况，如图 5－23 所示。

三、提升措施

（一）市公司层面

全面推进主网项目前期进度，确保项目能够尽早落地，以实现主网带动配网防台能力全提升。2021 年打造“不怕台风的电网”专项工程主网前期项目共有 10 项，其进展情况如图 5－24 所示。

提升成效如下：

1. 瑞安 500kV 输变电工程

解决 220kV 瑞光变终端变问题，并优化瑞安地区整体 220kV 网架接线，进一步提升瑞安电网的供电可靠性。

2. 白鹿—城西 220kV 线路改造工程

对白鹿—城西原有线路进行改造后，提升了线路铁塔抗风能力，满足现行设计要求，提升相关网格 220kV 线路抗风合格率指标，同时解决 220kV 城西主变压器带载受限问题、220kV 白鹿—城西线路重载问题。

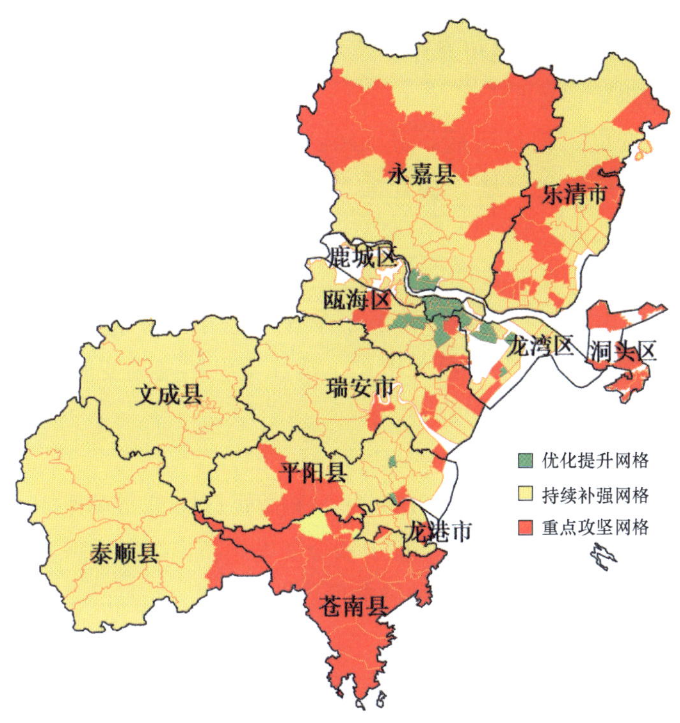

图 5-23 全市网格“262”分布示意图

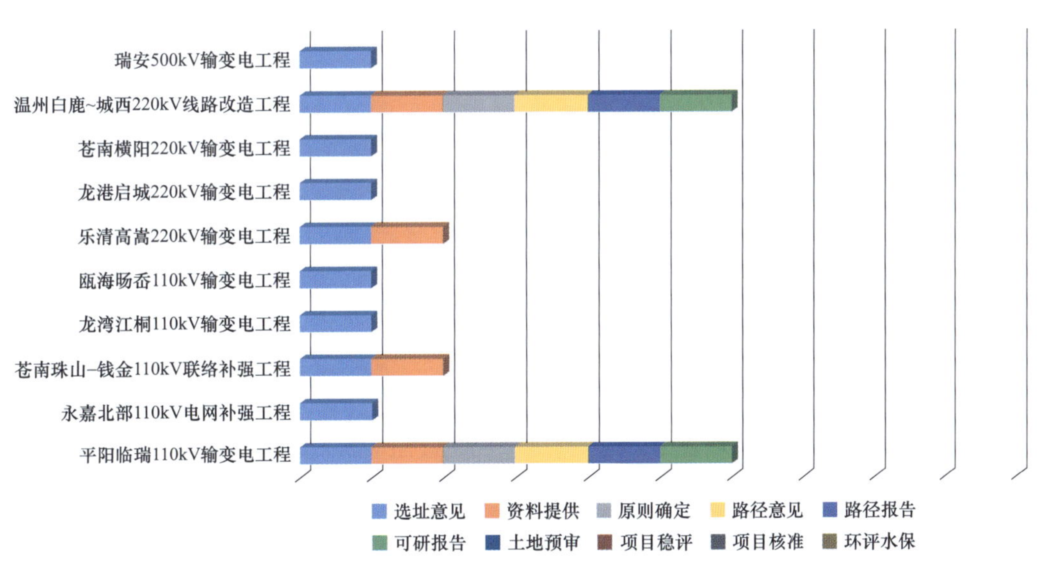

图 5-24 “不怕台风的电网”专项工程主网前期项目进展

3. 苍南横阳 220kV 输变电工程

横阳 220kV 输变电工程投运后，其 110kV 配套送出工程能够解决 110kV 站前变电站、同安变电站，以及 110kV 萧东变电站、凤翔变电站双 T 接线问题，构建典型链状结构，提升相关 110kV 变电站供电可靠性。

4. 龙港启城 220kV 输变电工程

启城 220kV 输变电工程投运后，其 110kV 配套送出工程能够解决 110kV 望洲变电站、芦蒲变电站的终端变问题，构建典型链状结构，提升相关 110kV 变电站供电可靠性。

5. 乐清高嵩 220kV 输变电工程

高嵩 220kV 输变电工程投运后，其 110kV 配套送出工程能够解决 110kV 周宅变电站、蒲岐变电站双 T 接线问题和虹桥变电站、清江变电站终端变问题，构建典型链状结构，提升相关 110kV 变电站供电可靠性。

6. 苍南珠山—钱金 110kV 联络补强工程

目前，220kV 珠山变电站珠岱钱 1135 线、珠岱库 1136 线带两座 110kV 变电站运行，分别为钱库变电站、八岱变电站。本工程由钱金变电站新出 2 回线路至钱库变电站，形成典型链状结构，提升两座 110kV 变电站供电可靠性。

7. 永嘉北部 110kV 电网补强工程

本工程实施后能够解决永嘉北部山区 5 座 35kV 变电站及 110kV 岩头变电站 10kV 出线单一电源的问题，能够极大提升永嘉北部广袤山区电网的供电可靠性，提升永嘉地区 110（35）kV 及以上网架坚强指标得分。

8. 瓯海旸岙、龙湾江桐、平阳临瑞 110kV 输变电工程

相关 110kV 工程投运后，增加了项目所在地电源变电站布点，其配套工程能够分流周边变电站负荷，完善配网网架接线结构，解决原先因缺乏变电站布点导致的配网线路非标接线、不合理分段、重过载、长距离供电等问题，能够极大提升中压配网网架坚强指标得分，改善网格整体防台能力。

（二）县（区）公司层面

各县（区）公司根据第二轮评价结果，结合自身情况，制定完善相应的提升措施项目。目前，已完成 2983 项储备，涉及电网补强、设备提升、运维管理、应急保障四个维度的项目。

1. 电网坚强

电网坚强项目 602 项，占比 20.18%，其中针对 110（35）kV 及以上网架坚强指标提升 4 项，中压配网网架坚强指标提升 598 个，见图 5-25 和表 5-55。主要提升方式包括：结合目标网架，合理安排变电站出线方案，切实提升线路转供能力，逐一整治重载线路，补强区域内网架强度，提升抗灾能力；开展智能电务，增加秒级可中断负荷比例，发展新能源业务，挖掘具备黑启动条件的电源等。预计项目实施后电网坚强指数能够总体提升 3.53 分。

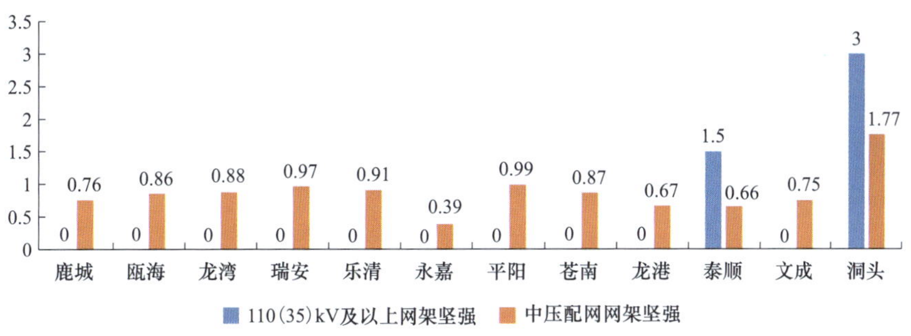

图 5-25　电网坚强项目评价指标提升明细

表 5-55　　电网坚强项目数量明细

地区	项目总数	电网坚强指数项目数量（占总项目比）	全市各单位项目数量占比
鹿城	133	40（30.07%）	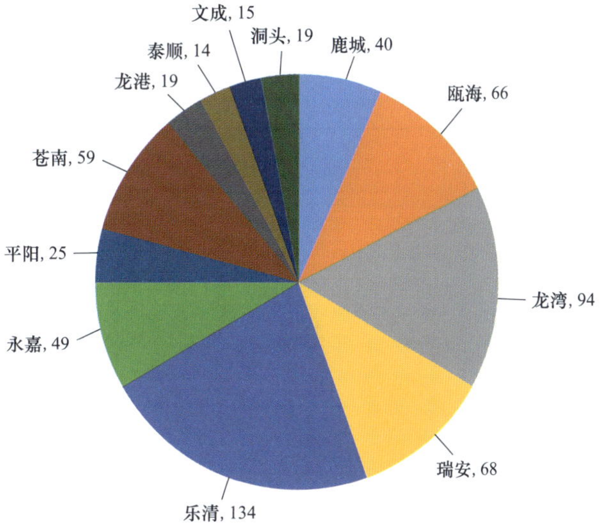 鹿城, 40 瓯海, 66 龙湾, 94 瑞安, 68 乐清, 134 永嘉, 49 平阳, 25 苍南, 59 龙港, 19 泰顺, 14 文成, 15 洞头, 19
瓯海	232	66（28.44%）	
龙湾	228	94（41.22%）	
瑞安	268	68（25.37%）	
乐清	748	134（17.91%）	
永嘉	212	49（23.11%）	
平阳	227	25（11.01%）	
苍南	558	59（10.57%）	
龙港	108	19（17.59%）	
泰顺	83	14（16.86%）	
文成	76	15（19.73%）	
洞头	110	19（17.27%）	
合计	2983	602（20.18%）	

2. 设备提升

设备提升项目 678 项，占比 22.73%，其中 110（35）kV 及以上线路抗风合格率提升项目 50 个，变电站可靠提升项目 42 个，配网线路达标率提升项目 586 个，项目主要集中在配网线路达标提升方面，见表 5-56 和图 5-26。主要提升方式为利用城网、大修项目资金更换钢管杆和铁杆，改造老旧隐患线路；改造完成户内外配电站房基础过低问题，并解决由于异物破坏导致的线路隐患问题，解决配电网台架安装不到位和自动化自愈问题，力争达到防高强台风的目的。预计项目实施后设备可靠指数能够总体提升 4.16 分。设备可靠项目数量明细见表 5-56。

表 5-56　　　　设备可靠项目数量明细

地区	项目总数	设备可靠指数项目数量（占总项目比）	全市各单位项目数量占比
鹿城	133	39（29.32%）	
瓯海	232	58（25%）	
龙湾	228	41（17.98%）	
瑞安	268	103（38.43%）	
乐清	748	101（13.50%）	
永嘉	212	62（29.25）	
平阳	227	63（27.75）	
苍南	558	112（20.07%）	
龙港	108	26（24.07%）	
泰顺	83	14（16.86%）	
文成	76	27（35.52%）	
洞头	110	32（29.09%）	
合计	2983	678（22.73%）	

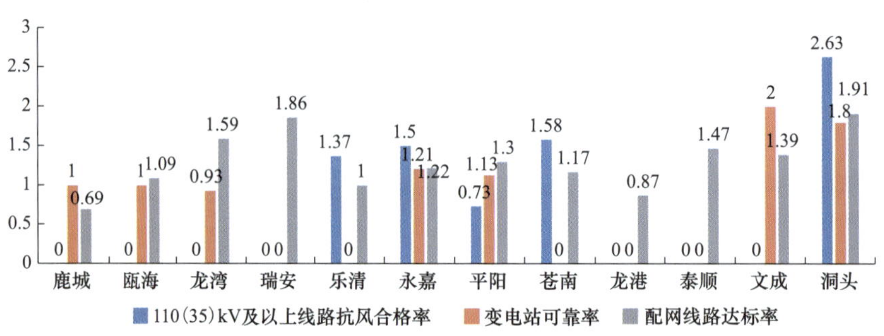

图 5-26　设备坚强项目评价指标提升明细

3. 运维管理

运维管理项目 832 项，占比 27.89%，其中针对变电隐患排查治理指数提升项目 56 个，输电隐患排查治理指数提升项目 149 个，配电隐患排查治理指数提升项目 399 个，灾情监测覆盖指数提升项目 228 个，项目主要集中在配电隐患排查治理和灾情监测覆盖提升方面。主要提升方式为针对易受灾区域配电线路的通道加强整治，争取政府对线路通道清理工作的支持，充分发挥电力行政执法机构职能；对拉线装设不到位的设备重新进行加固，提升线路抗台水平。高压线路塔杆视频监测覆盖率较低，建议逐步申报建设。预计项目实施后设备可靠指数能够总体提升 3.35 分。运维管理项目数量明细见表 5-57。运维管理项目评价指标提升明细见图 5-27。

表 5-57　　运维管理项目数量明细

地区	项目总数	运维管理指数项目数量（占总项目比）	全市各单位项目数量占比
鹿城	133	18（13.53%）	
瓯海	232	62（26.72%）	
龙湾	228	36（15.78%）	
瑞安	268	97（36.19%）	
乐清	748	241（32.21%）	
永嘉	212	59（27.83%）	
平阳	227	23（10.13%）	
苍南	558	223（39.96%）	
龙港	108	15（13.88%）	
泰顺	83	5（6.024%）	
文成	76	25（32.89%）	
洞头	110	28（25.45%）	
合计	2983	832（27.89%）	

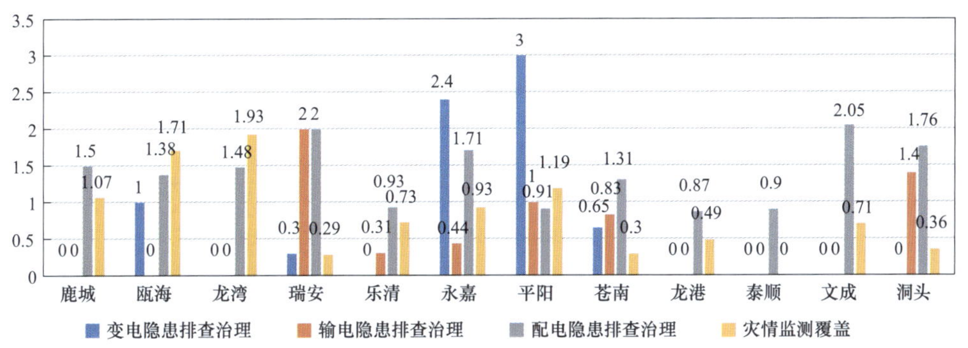

图 5-27　运维管理项目评价指标提升明细

4. 应急保障

应急保障项目 871 项，占比 29.20%，其中针对应急体系指数提升项目 248 个，指挥保障体系指数提升项目 333 个，安全指数提升项目 65 个，恢复速度指数提升项目 225 个。项目主要集中在指挥保障体系系数和应急体系系数，以及恢复速度方面。主要提升方式为增加配备抢修人员，缩短线路抢修时长，提升台风期间的应急能力；按照装备配置标准增加装备的配备比例，通过资产零购、租赁等多种渠道进行采购。预计项目实施后设备可靠指数能够总体提升 3.75 分。应急保障项目数量明细见表 5-58。应急保障项目评价指标提升明细见图 5-28。

表 5-58　　应急保障项目数量明细

地区	项目总数	应急保障指数项目数量（占总项目比）	全市各单位项目数量占比
鹿城	133	36（27.06%）	
瓯海	232	46（19.82%）	
龙湾	228	57（25%）	
瑞安	268	0（0%）	
乐清	748	272（36.36%）	
永嘉	212	42（19.81%）	
平阳	227	116（51.10%）	
苍南	558	164（29.39%）	
龙港	108	48（44.44%）	
泰顺	83	50（60.24%）	
文成	76	9（11.84%）	
洞头	110	31（28.18%）	
合计	2983	871（29.20%）	

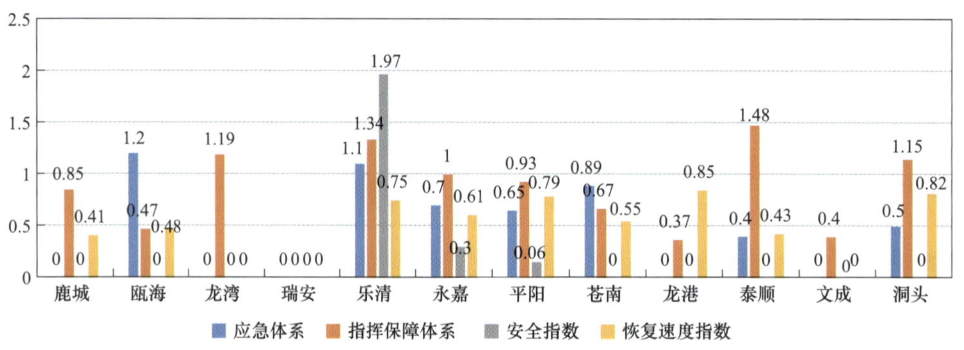

图 5-28　应急保障项目评价指标提升明细

第五节　温州高弹性电网防台抗灾建设执行评估

温州市地处东南沿海，几乎每年都会遭遇台风正面袭击，对温州电网产生严重的破坏。为高质量推动温州供电公司防台减灾示范窗口建设，全面落实公司领导关于“不怕台风的电网”的“三标准两平台一中心”工作要求，深化“1248”评价体系应用，现就温州供电公司推进高弹性电网防台抗灾建设落地执行情况作如下分析：

一、战略落地后评估

（一）工作成效分析

1. 评价体系的建立

一阶段：温州供电公司通过电网现状分析和历次防台抗台经验总结，以“全寿命周期、高质量发展、差异化防台”三个维度为纲要，挖掘电网指标与台风防护关联程度，细化评价颗粒度，聚类同类指标，综合设备、网架、管理、恢复等环节，形成高弹性电网防台抗灾“1248”评价指标体系。二阶段：市公司多次召开评价体系评审会议，结合实际评价结果与网架现状分析，合理调整指标分值，修改指标释义，完善适用于区（县）应用的“1248”评价体系，完成“1248”评价体系指标修编。三阶段：市公司以问题为导向、以实效为目标，牵头开展高弹性电网防台抗灾“三标准”制定，通过“EPDC”循环管理模式，优化各项标准，推动温州“1248”评价体系迭代升级。

2. 一格一策的制定

公司已完成“1248”评价体系的3轮全面评估及5轮局部修正，从电网坚强、设备可靠、运维管理、应急保障四类指数50个分项指标全面诊断温州电网防汛抗台工作的薄弱区域、薄弱专业，形成全市以及各县（市、区）公司的电网评价分析报告。各区县公司结合网格实际情况，因地制宜提出薄弱环节、薄弱专业补强措施，编制温州全市238个网格的“一格一策”提升方案并进入实施阶段。通过“一格一策”落地实施，从管理和项目两个方面，差异化开展网格补强工作，进而补齐抗台短板，全方位、多维度降低台风对网格影响，实现高弹性电网防台抗灾建设目标。

3. 示范网格的建设

温州供电公司计划今年年底前完成100个高弹性电网防台抗灾建设标准示范网格建设，各区县公司按照“一格一策”原则，积极探索网架、技术、设备、管理、机制等方面全要素赋能，以新型电力系统建设为主阵地，以电网升级和管理升级为落地根本，深入挖掘各网格资源禀赋，建成网架设备全升级、源网荷储全互动、配网自动化全覆盖、管理转型数字化的高弹性电网防台抗灾建设标准示范网格，实现温州电网极端灾害条件下坚强可靠、高度自愈、全面感知、多元融合以及快速复电。目前，温州供电公司已在双夏台风季来临之前建成全市第一批50个标准示范网格，涵盖城、乡、山、海、陆、岛等多种类型，具备典型示范作用，能以点带面，有效引领温州全域238个网格高弹性电网防台抗灾建设。

4. 创新实践的成果

温州供电公司以“两个能源革命”和“不怕台风”为着力点，筹建高弹性电网防台抗灾研究实践中心，开展电网仿真计算、创新技术研究、综合成果展示等工作，推动科研创新+工程实践的双轮驱动。如鹿城通过一主两备铁三角形中压主干网、低压侧柔性互联等骨干基础建设，分布式自愈FA、全景感知台区等感知触角建设和环岛绿色驿站、零碳供电所等场景建设，打造“不停电的绿岛”。乐清首创配网“通道可视化”，运用“无人机智能巡检”技术、中低压快速接入装置，实现台风期间“少停电、快复电”。龙湾试点应用5G智能开关及合闸速断功能配合的新设备，实现区域内开关短路及单相接地故障研判、重合闸功能以及调度的远方遥控，快速精准完成故障隔离及非故障区域恢复。

（二）战略落地执行情况分析

温州供电公司全力打造高弹性电网防台抗灾温州落地实践模式，各单位、各部门积极开展探索和实践，形成了全市高弹性电网防台抗灾良好的建设氛围。

1. 各部门执行落地情况

温州供电公司发展部总结提炼出“1248”评价体系、“262”差异化评价区、“一格一策”等系列成果，全面开展电网全寿命周期内的量化评价，以网格为基础单元建立数据库，搭建体系评价平台，通过信息化手段提高抵御风险能力和智能互动水平。运检部深入开展防台应对策略研究，分等级、分区域、分批次落实网架设备差异化改造和整治，建成“人风水灾物”全景指挥平台，并在全省推广应用。建设部今年已完成220kV昆东变、220kV磐石变等16个工程里程碑均衡投产，按期开工建设220kV慈湖改造、110kV湖东变等11个工程，进一步提升公司主网网架水平，筑牢高弹性电网防台抗灾基础。调控中心建设并深化应用支持高弹性电网防台抗灾建设的继电保护信息系统，开展基于高弹性电网防台抗灾建设下调度运行大脑应用研究，构建基于温州调度自动化控制系统的源网荷储协同控制功能平台。信通公司构建多态融合立体式应急通信系统，在省内率先部署2套4G公网移动卫星便携基站，在抗击“烟花”台风中第一时间驰援宁波，获得了省公司和宁波公司的高度评价。配网管控中心严格把关高弹性电网防台抗灾专项工程质量，6月前完成50个“台风补强”工程，有针对性地把控工程进度和提升工程质量和工艺，于今年双夏前完成第一批50个标准示范网格验收工作。经研所多专业深度参与高弹性电网防台抗灾评价标准的建立，科学规划“十四五”项目储备，逐步解决220kV终端变、重要生命线等问题，打造不怕台风的坚强网架。

2. 县公司执行落地情况

温州供电公司鹿城分公司建成七都“半城半乡”先行示范窗口，将“半城”推广至东部城区，将“半乡”推广至西部乡村地区，以点带面，全面提升防台减灾能力。瓯海分公司提出以“一体三核”为示范在多场景融合下的新型电力系统建设，统筹布局示范带方案的有效落地，形成“山区核心”“城市核心”“双碳核心”。龙湾分公司将瓯江口新区高弹性电网建设作为服务示范区电力建设的着力点，开展配电网自愈控制系统的研究与建设，制定中压发电车抗台应急保电体系建设方案。乐清公司从规划源头推动示范网格建设工作，构建全域双环网接线模式，开展分布式储能布点试点，建立泛乐清湾港高弹示范区域，在防、避、抢各阶段构建全方位防台抗台体系。平阳公司第一时间成立领导小组，积极配合市公司“一盘棋”统筹部署推进，深入开展高弹性电网防台抗灾专项研究学习，以“一格一策”聚力打造“一山一海一平原”示范区。永嘉公司深入挖掘山区鹤盛网格资源禀赋，构建双环电网核心，从强网架、强设备、强应急、信息化、数字化五个着力点，打造高弹性电网防台抗灾县域领先实践样板。龙港公司以长效机制为根本点，开展“配网行波型故障精准定位”试点工作，开展“龙港电网一张图”数字电力地图建设，创建龙港高弹性电网防台抗灾建设标准示范市新业绩。

（三）存在问题及解决对策

存在问题：经评估排查，一是存在部分用户迁改工程由于用户资金问题，前期未按照高弹性电网防台抗灾要求设计、建设，导致部分电网抗台能力较弱。二是部分县区老旧线路较多，受政策处理影响以及停电时户数限制，全线改造进程较慢，台风期间仍存在隐患。三是部分偏远县区电网建设难度较大且易受台风侵袭，运维抢修人员不足，灾后抢修工作难以全面开展。四是部分电网网格地处山区，配网网架薄弱，台风期间道路易塌方，受灾点多位于低洼区，抢修人员无法通过，影响抢修进度。

解决对策：一是完善用户迁改工程设计，编制城网工程，对已发现问题的区域提出台风补强方案。二是利用评价体系精准定位薄弱区域，整改老旧线路中高故障、高隐患的设备，实现资金高效利用。三是参照《国网温州供电公司抗击台风抢修互援方案》，落实“县公司结对互助”工作方案，协助做好台风防御工作，保障灾后运维抢修开展。四是持续开展网架补强方案完善工作，建成抢修应急响应“半小时圈”，提前落实抗台抢修“5 大件、6 小件”定额储备和大型机械化社会抢修装备应急联动机制，提前进驻交通不便的易受灾点。

二、示范网格后评估

（一）第一批示范网格情况分析

1. 示范网格建设过程

规划引领，示范网格建设的风向标。以网格为单位，以“三标准两平台一中心”为管理手段，充分发挥规划的引领作用，从规划阶段根植高弹性电网防台抗灾理念，坚持“一张蓝图绘到底”，2021 年提出并计划试行“规划到可研深度”的全新模式。

可研初设一体化，网格项目落地的奠基石。严格依据《国网公司 380/220V 配电网工程典型设计》《配电网工程防强风设计指导手册》在基础设计上增设高弹性电网防台抗灾建设要求，针对电网改造建设需求，实行“一个网格一个策略”，因地制宜、精准施策，将电力设施一次布置到位，提升立项阶段项目的可实施性，减少设计变更。

建设进度监控，项目周期把控的警示灯。按照“父项 1 年、子项 6 个月”进度要求对高弹性电网防台抗灾配网专项项目进行周期管控，通过周、月报的形式定期通报改造提升类项目的进度，确保台风项目高效落地。迎风度夏前重点就温州沿海易受台风影响的乐清、洞头、苍南、永嘉等重点防台区域设备进行差异化提升。

2. 示范网格验收情况

为扎实有效推进高弹性电网防台抗灾建设标准示范网格落地，温州供电公司对全市第一批 50 个高弹性电网防台抗灾建设标准示范网格申报对象开展“验收三步走”，即自验收、交叉互评、综合评定。

5 月 14 日—5 月 20 日，各属地公司对于上报的第一批高弹性电网防台抗灾建设标准示范网格展开自验收工作。部分网格仍存在一定的薄弱点，例如鹿城、瓯海、龙湾配电自动化有效覆盖率低，瑞安、乐清钢管杆比例不足，乐清转供能力差等。

5 月 24 日—6 月 4 日，市公司统一组织各县发展、运检专家分组分批开展交叉互评验收工作。各组专家采用“系统查指标＋现场看设备”的线上线下双重验收方式，从网架坚强、设备坚强、运维管理、应急保障、“一格一策”和示范窗口等六方面开展实地验收，相互评价，相互借鉴，相互学习。各网格虽尚存在不同程度的薄弱点，但总体网架较坚强，失分点主要存在于设备坚强、运维管理。

6月17日—28日，市公司发展部、运检部、配管中心、经研所联合县公司技术专家赴各属地开展综合评定。专家组对前期各网格自验收的客观性、自评价的准确度、交叉互评专家提出的整改意见、一格一策的针对性进行实地校核，并针对各网格实际因地制宜协助各单位制定差异化防台改造计划，调研全市高弹性电网防台抗灾建设项目需求，助力后续投资方向的准确把握。

3. 示范网格建设成效

温州供电公司大力推动高弹性电网防台抗灾建设，于2021年6月底率先完成50个第一批高弹性电网防台抗灾建设标准示范网格建设，以点带面助力全域提升。鹿城七都网格打造“不停电的绿岛”新型电力系统，乐清柳白网格首创配网“通道可视化”，永嘉鹤盛网格试点应用5G智能开关及合闸速断功能配合的新设备。

在网格打造中贯穿高弹性电网防台抗灾建设的理念，较前期网格建设工作实现小迭代大升级：

（1）项目储备更全面，通过摸排网架、设备薄弱点，使属地单位对自身电网实际有了更客观的认识，真正做实做细项目储备库；

（2）项目投资更精准，在更完备更科学的项目需求基础上，明确不同属地的投资侧重点，按轻重缓急优先对高隐患和亟待改造提升的区域进行投资；

（3）项目成效更显著，严格执行“一格一策”，有针对性地对薄弱点进行提升，提高投入产出效率效益，确保提质增效。

（二）存在问题及解决对策

1. 存在问题

（1）示范网格打造缺少闭环管理，往往随着验收结束高弹性电网防台抗灾建设示范网格打造的工作也就停滞了。

（2）部分单位主业人员防台建设标准掌握不充分，太过依赖设计单位，并未对防台标准的适用性和差异化进行深度思考；提升改造工程未上报项目需求。

（3）变电站转供能力有待提高，尤其是台风期间沿海高风险地区。

（4）各属地在上报项目的建设必要性审核时不够严格，项目立项阶段资金分配不合理。

（5）验收中存在的部分问题，因缺物资、缺资金或政策处理等问题无法在短时间内解决。

（6）网格负荷发展存在不确定因素，规划的预见性不强，部分网格打造适用的规划滚动修编不及时。

2. 解决对策

做好示范网格打造闭环管理，实行示范网格“申报—验收—整改—总结—后评估—不定期回头看”全链条管控；优化配网工程防台建设标准，探索沿海地区、山区、平原等不同地形从通道选择、杆塔选型、杆塔排列、设备选址等多方面差异化提高防台建设标准；深度挖掘变电站转供能力，结合“十四五”网格化规划，拓展市区范围内110kV变电站转供能力分析的广度和深度，完善项目支撑，切实提高台风期间电网转供能力和供电可靠性；开展2021—2023年配网项目需求高弹性电网防台抗灾专项投资合理性分析，按照各区县实际制定差异化配网建设投资方案；及时更新各网格现状，强化负荷预测科学性，提高网格规划适用性，加快网格规划修编工作进度。

三、全域网格预评估

（一）全域网格发展思路

1. 全域网格的工作思路

将高弹性电网防台抗灾建设理念贯穿于网格化配电网规划、建设、运维、抢修、服务管理全过程，通过在示范网格内率先建立“职责分工清晰、网格定位精准、建设标准规范、运维智能高效、服务全面到位”的网格化管理新模式，引领全市238个网格高弹性电网防台抗灾建设全覆盖，构建“结构好、设备好、技术好、管理好、服务好”的“五好”网格，加码助推高弹性电网防台抗灾瓯江示范带和温州市区（鹿瓯龙）“不停电”示范带建设，推动电网高质量发展。

（1）结构好，就是实施标准化建设，应用典型设计、标准物料，确保廊道、选址、建设一次到位，逐年过渡建设标准目标网架，增强互联率与转供转带能力，提升电网结构合理性。

（2）设备好，就是根据发展实际需要，适度超前，合理确定设备选型，坚持质量为本的方针，健全质量控制体系和供应商评价机制，推广应用中高端装备，提升配电网设备耐用性。

（3）技术好，就是促进配电自动化与数字化融合发展，增强配电网运行灵活性、自愈性和互动性，打造以配电网为基础的能源互联网，提升配电网管控技术先进性。

（4）管理好，就是建立网格化管理新模式，不断深化“营配调”信息贯通、业务融合，建设应用好供电服务指挥平台，提升配电运营管理协同性，强化管理好的保障。

（5）服务好，就是要真正转变观念，贯彻以客户为中心的理念，保证客户供电能力和电能质量，不断提高业扩报装、主动检修、故障抢修工作效率，提高市场感知能力，推动业扩环节前置，持续改善客户电力获得和使用体验。

2. 方案落地的保障措施

为切实保障高弹性电网防台抗灾建设标准示范网格建设方案落地，高效推动高弹性电网防台抗灾项目执行，公司将采取以下措施：

（1）开展基层调研。深入属地一线，与相关人员探讨现有评价标准、技术标准和复电标准的适用度和实用性，掌握现有标准和方案在实际落地中存在的困难，给予高弹性电网防台抗灾差异化网格建设指导意见，在不断实践中优化完善修正新标准。

（2）成立防台专班。调配全市技术和管理两方面防台专家人才赴实地分层分级开展攻坚，加快推进防台补强工程建设进度，科学谋划区域内电网提升策略。因地制宜实践县际互联互供、沿海防台设计、海岛“联网＋微网”等方案，切实做到“对症下药”。

（3）落实“绿色通道”。公司各专业部门要根据各自职责分工，设置高弹性电网防台抗灾专项“绿色通道”。对“绿色通道”的重点项目，由专人负责跟踪项目的审批进度，对项目实施进度滞后的给予及时督促，确保高弹性电网防台抗灾项目“快审批、快开工、快投产”。

（4）形成纵横合力。打造“横向协同、纵向联动”的工作机制：加强与应急管理、气象等部门联系，做好台风监测跟踪和提前部署；做好抢修队伍、抢险物资、作业装备、移动发电车等补给配置；推进跨地区支援调配机制落地，构建常态化对接交流平台，继续扩大对口县所支受援演练。

3. 全域网格的工作计划

2021 年：高弹性电网防台抗灾建设奋进年（升级战）。在全市范围内优先打造出一批高弹性电网防台抗灾建设标准示范网格，形成“示范引领、比学赶超”浓厚氛围。与已有项目匹配，全面梳理未解决问题清单，动态修编网格规划，按照要求做好 2022 年可研储备，做到问题清单全覆盖。2021 年 6 月累计打造 50 个，2021 年 10 月累计打造 80 个，2021 年 12 月累计打造 100 个。

2022 年：高弹性电网防台抗灾建设攻坚年（攻坚战）。收集 2021 年台风过后各网格运行数据，开展第二轮网格评价，补齐工作短板，开展电网迭代升级。落实 2022 年可研储备库中的防台项目，严格执行台风专项工程里程碑计划管控表，确保在双夏前所有防台补强项目按时完工。2022 年 6 月累计打造 150 个，2022 年 12 月累计打造 200 个。

2023 年：高弹性电网防台抗灾建设收官年（歼灭战）。攻克最后 38 个网格，做好高弹性电网防台抗灾建设工作总结，分析工作取得的成效和存在的问题，各区县均完成属地防台减灾示范窗口的建设。2023 年 12 月累计打造 238 个高弹性电网防台抗灾建设标准示范网格，届时温州全域“不怕台风的电网”全面建成。

（二）面临形势及解决对策

面临形势：台风一般发生在夏秋之间，移动路径多变，强度难以提前准确预测，破坏力极强，恶劣天气给电网带来的毁损严重；示范网格打造最终落地在供电所，基层人员学历素质普遍不高，对新技术、新设备的学习和使用接纳程度受限；当前公司发展热门主题转换较快，“新型电力系统”建设目前仍处于探索阶段，如何更好地使其与高弹性电网防台抗灾建设有机融合是需要深思的问题；社会对台风期间电网可靠安全运行预期较高，但实际中台风的不可预测、人力不可抗等弊端尚不能有效解决，“不怕台风的电网”完全“不怕台风”难以实现。

解决对策：深入剖析台风期间网格停电原因，以问题为导向全面梳理提升需求，进一步优化细化“一格一策”中的提升措施，加快推进提升方案落地实施，进而补齐抗台短板，提高防台能力；深刻认识到高弹性电网防台抗灾建设是年度重点工作，全体员工深入参与高弹性电网防台抗灾建设，发挥自身主动性、创造性，营造全员参与的工作氛围，高质量高效率推进建设工作；以高质量发展为核心，不断在基层调研中修正理论体系，打造温州特色“不怕台风的电网”，进一步完善评价标准、技术标准和复电标准，切实提升电网的安全可靠水平和台风灾害条件下的24h复电率；深刻把握“台风来时，灯火通明”的要求，切实做到“1248”评价体系赋能高弹性电网防台抗灾建设，以电网、管理双提升的实践举措，把各项工作落到实处，稳扎稳打，以高标准、严要求完成三年行动计划，在2023年全面建成温州“不怕台风的电网”。

第六节 温州供电公司高弹性电网防台抗灾建设数字化平台

一、数字化平台概况

温州电网“不怕台风的电网”体系评价平台，以电网网格为基础单元，通过建立温州全市238个网格在电网坚强、设备可靠、运维管理、应急保障四类指数上的评分数据库，完成历次评价结果的数据统计，借助大数据分析，精准定位抗台薄弱区域，建立抗台辅助决策机制，助力电网防台抗台建设，实现电网坚强可靠、高度自愈、全面感知、多元融合以及快速复电的特征。

“不怕台风的电网”体系评价平台以全市总体得分为视角展示了宏观的评价情况，通过每月的得分趋势变化作为总体成效把控的抓手，实现历史数据的回溯，通过指标评分情况明细精准掌握区县总体得分及四维失分，通过相对优势指标和相对薄弱指标将三级指标进行自动剖析，找出电网薄弱和优势环节，引领抗台工作的攻坚方向。根据木桶效应，通过筛选区域“262”分布，精准定位并完善防汛抗台工作的最短板，快速提升防台减灾能力。

经“不怕台风的电网”体系评价平台的全面评价，温州供电公司全域范围共计238个网格的评价打分结果基本符合实际情况。以县域为单位，鹿城、龙湾、瓯海得分较高，市区网架结构较为完善，配网发展相对成熟，有较强的抵御台风的能力；苍南、洞头、乐清得分相对靠后，区域电网结构较为薄弱，地处沿海一线，易受台风侵袭，是防汛抗台的重点区域。在电网坚强方面，该指标主要评价各层级电网的转供能力、接线标准化水平以及配电网灵活资源情况等，乐清、龙港等地区由于电源变电站仍在规划建设阶段，网架处于过渡阶段，此项失分较多；在设备可靠方面，该指标主要评价主网抗风、变电站可靠情况、配网线路抗风、施工、交通等达标情况，瑞安、洞头等地区由于处于沿海高风速带区域，相应的设计标准较高，此项失分较多；在运维管理方面，该指标主要评价变电、输电、配电隐患排查治理情况以及灾情监测能力，苍南、永嘉等地区由于部分网格受制于客观因素和运维水平，用户故障平均时长较多，此项失分较多；在应急保障方面，该指标主要评价应急体系，人员、物资、安全保障情况以及灾情恢复速度，泰顺、乐清等地区由于山区网格物资配送难度大，无人机、高科技设备等未全覆盖装备，此项失分较多。

“不怕台风的电网”体系评价平台根据温州地域特点，将地形地貌划分山区、平地、海岛，将所处区域划分城市、城镇、农村，上述6大应用场景结合电网系统8大应用专业，在大数据分析机制下形成了多维度、多专业的差异化标提升策略。得益于数字化平台强大的计算力，系统可自由选择区域，可精准、高效定位电网防台抗台的薄弱环节，形成“一格一策、一码一指数”数字化决策机制，指导市级针对薄弱网格、薄弱环节的投资分配，高效提升整体抗台减灾能力的同时提升投资收益率。

二、数字化平台重点模块介绍

（一）体系综合评价模块

体系综合评价模块可以查看电网概况、“1248”评价指标体系、风区地图、分区防台等级、“262”明细及分布等。风区地图如图 5－29 所示，左右两边是“1248”体系的综合应用，按照一月一评价的方式，对全市 238 个网格、50 个指标进行分析评价，通过评价更新数据可以直观看到温州全市每个月度的评价和提升情况，以及 12 个县市区的评价排名分数和提升情况。“相对优势指标”与“相对薄弱指标”可以直观看到全市各级指标相对优势、相对薄弱的对比情况，可以引导全市投资的重点、聚焦专业的提升点。

图 5－29　风区地图

防台等级分布图如图 5－30 所示，可以看出，温州市只有重要和次要防台区，没有一般防台区，特别是沿海区域和城市区域均处在重要防台区域。右边可以看到各县市区的防台等级情况，“防台等级分布图”这张图，是给网格进行防台级别的定位。图 5－31 展示了“262 三色分布图”，262 分布就是木桶原理、短板法则在平台的应用。在图 5－31 上可以看到，示范提升区方面是排名前面 20％（绿色）的区域，主要集中在鹿城、瓯海、龙湾三个城区，这些城区电缆化程度高、应急救援资源集中便捷。重点攻坚区是排名末 20％（红色）的区域，主要集中在苍南、乐清、平阳三个城区，区域沿海前线、山区分布较多、网架相对薄弱，客观反映了目前的实际现状。“262 三色分布图”是给网格进行抗台能力的定位。通过一个体系和两张图，可以大致了解全市各县、各个网格的抗台防台能力，形成市域管理县域、县域管控网格的管控链条。

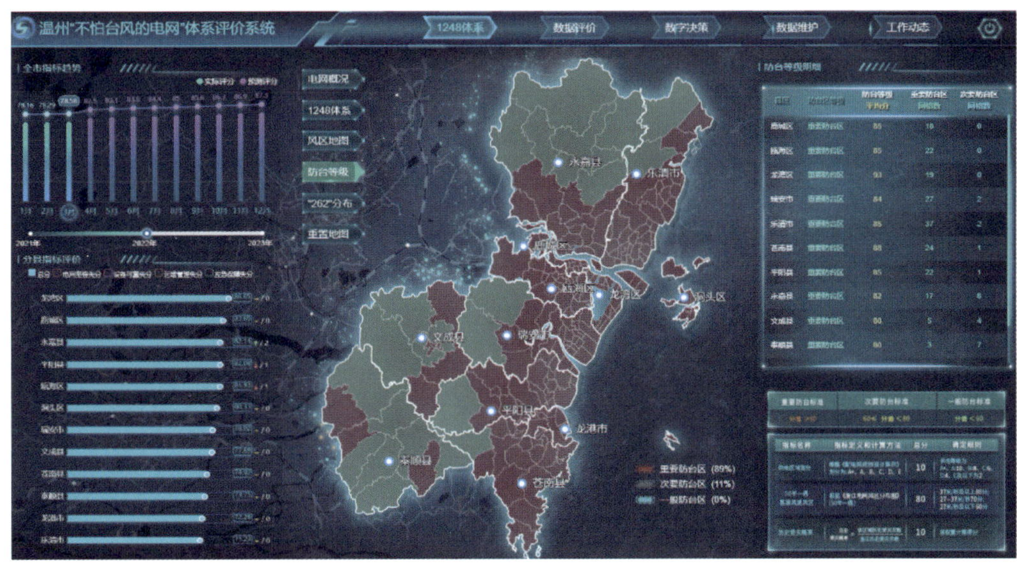

图 5-30　防台等级分布图

（二）数据评价模块

数据评价模块展示全市各县、各供电所、所有网格的评价情况。如图 5-32 所示，可以看到全市现阶段抗台指数，以及 81 个供电所评价排名情况；可以穿透进入到某个县（平阳），看到平阳县的目前抗台指数，了解全县供电所排名情况；可以进入网格，看到全市 238 个网格排名得分情况。第一是鹿城区的中央绿轴网格，处于核心城区，高度电缆化、目标网架基本形成。

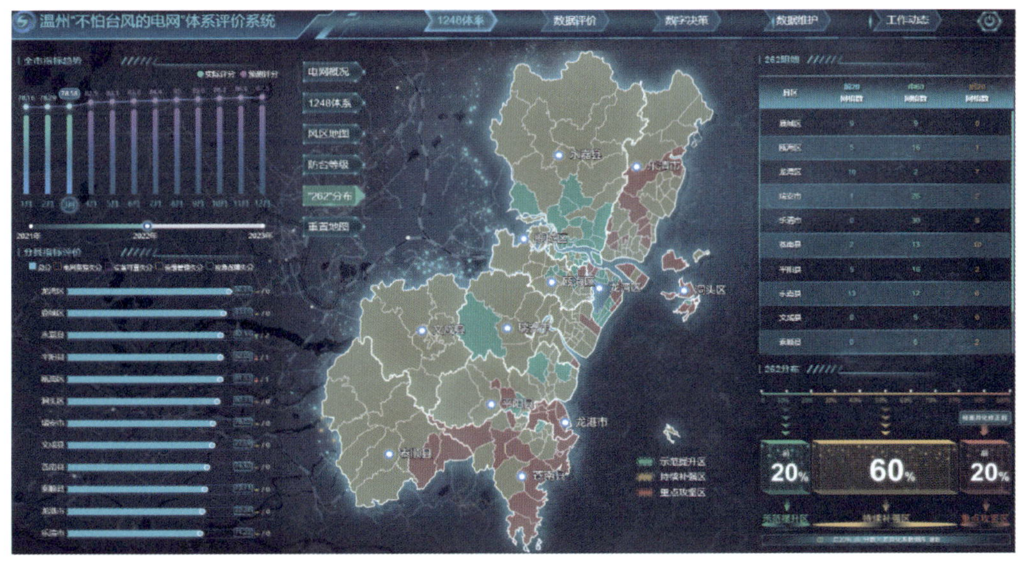

图 5-31　"262 三色分布图"

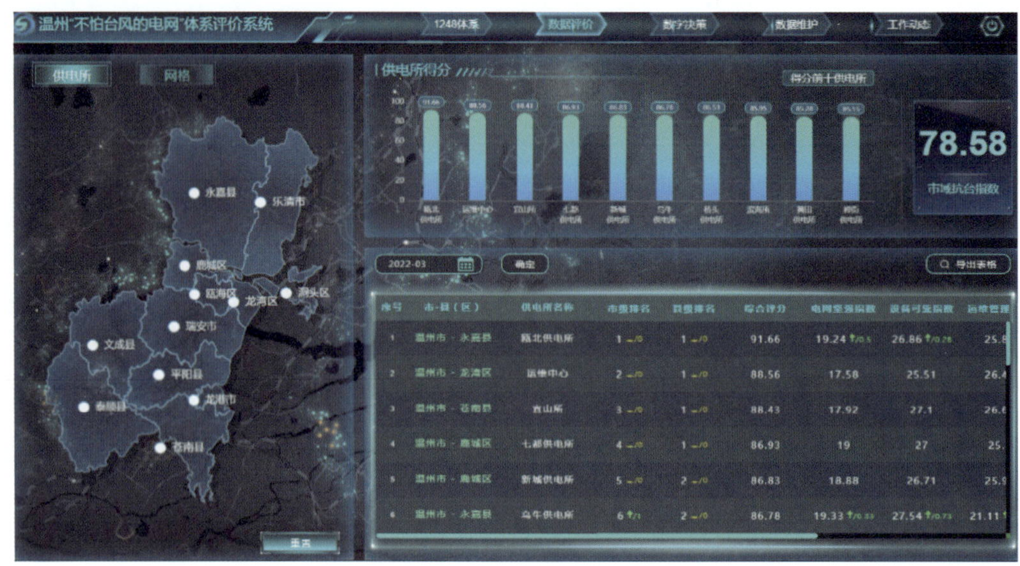

图 5－32　数据评价模块

图 5－33 展示了鹿城区下吕浦网格的全息状态情况，供电等级 A 级，风区 31m/s，重要防台区，全区排名第 3，全市排名第 4，这里重要的数据成果是网格的一码一指数。抗台码：一码，即正中间的二维码，是反映最小管理单元网格的网格抗台码，能够最直观展示网格综合情况，以及提供专家辅助决策，形成一格一策。抗台指数：一指数，即正上方的抗台指数，指数得分 86.3 分，是根据体系评价出来的网格抗台能力。网格是落地实践的核心和重点，通过数据评价模块，形成的一格一策、一码一指数。

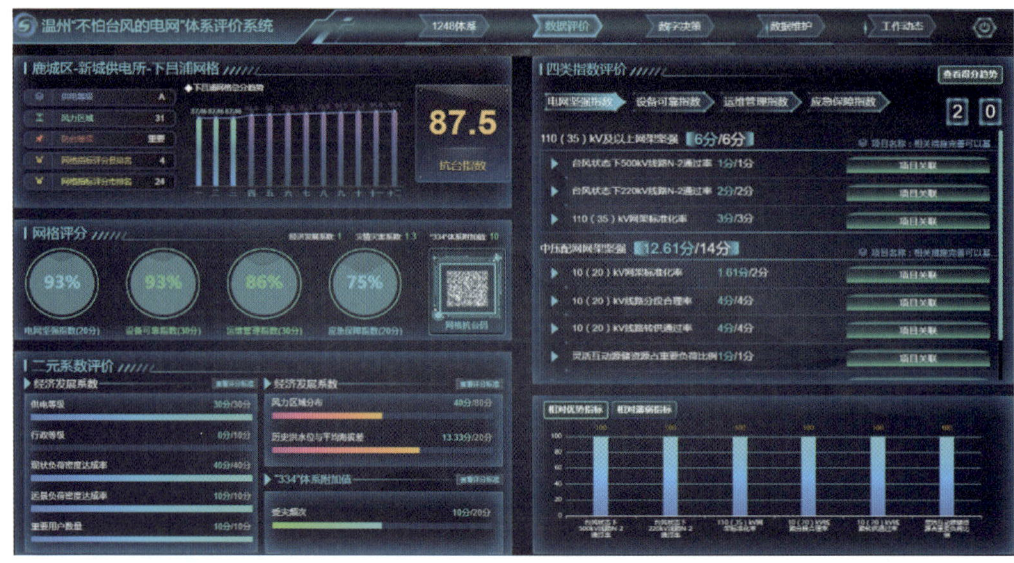

图 5－33　鹿城区下吕浦网格的不怕台风全息状态情况

（三）数字决策模块

数字决策模块主要是通过海量数据，筛选比较，为各个区域、各种类型、各个专业的投资和工作做决策支撑，如图 5 - 34 所示。对地形、区域进行场景筛选，以及其他专业筛选，通过大数据提供辅助提升决策，让颗粒度更加精细，让专项整治投资更加精准。

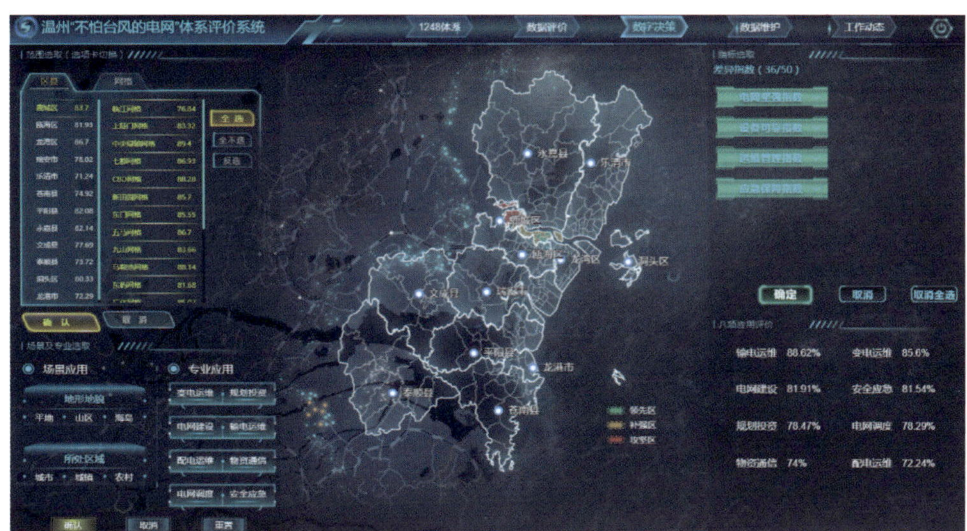

图 5 - 34　数字决策模块

结　　语

本书力争在高弹性电网防台抗灾的基础理论与关键技术上有所突破，切实提升电网恢复力，为电力系统规划、运行提供决策依据和理论支持，为建设有效应对台风等自然灾害的电力系统、保障电力安全提供切实可行的决策依据。

近年来，能源转型、信息物理融合等电网发展趋势成为国内外专家学者关注的热点。在此背景下，电力系统的安全面临新的挑战。随着大规模间歇性新能源并网发电、大量自动化信息化设备融入电网、高比例电力电子装置投入使用，电力系统的不确定性、开放性、复杂性不断增加，使得电力系统在向坚强智能电网、电力物联网和能源互联网迈进的同时，台风等极端事件下运行风险急剧增大。需要构建适应新发展形势的防台抗灾电力系统，提高应对极端事件的能力，进一步保障我国能源生产和消费革命的稳步推进。

参 考 文 献

[1] 别朝红，林雁翎，邱爱慈. 弹性电网及其恢复力的基本概念与研究展望 [J]. 电力系统自动化，2015，39 (22)：1-9.

[2] Wang，Y.，Chen，C.，Wang，J.，et al.：Research on Resilience of Power Systems Under Natural Disasters—A Review，IEEE Transactions on Power Systems，2016，31 (2)：1604-1613.

[3] 高海翔，陈颖，黄少伟，许寅. 配电网韧性及其相关研究进展 [J]. 电力系统自动化，2015，39 (23)：1-8.

[4] 王守相，刘琪，赵倩宇，王洪坤. 配电网弹性内涵分析与研究展望 [J]. 电力系统自动化，2021，45 (09)：1-9.

[5] X. Liu，M. Shahidehpour，Z. Li，X. Liu，Y. Cao and Z. Bie. Microgrids for Enhancing the Power Grid Resilience in Extreme Conditions，IEEE Transactions on Smart Grid，2017，8 (2)：589-597.

[6] 阮前途，谢伟，许寅，华斌，宋平，和敬涵，张琪祁. 韧性电网的概念与关键特征 [J]. 中国电机工程学报，2020，40 (21)：6773-6784.

[7] 尹积军，夏清. 能源互联网形态下多元融合高弹性电网的概念设计与探索 [J]. 中国电机工程学报，2021，41 (02)：486-497. DOI：10.13334/j.0258-8013.pcsee.202040.

[8] 周兵凯，杨晓峰，李继成，农仁飚，陈骞. 多元融合高弹性电网关键技术综述 [J]. 浙江电力，2020，39 (12)：35-43.

[9] Y. Wang，C. Chen，J. Wang，et al. Research on Resilience of Power Systems Under Natural Disasters—A Review [J]. IEEE Transactions on Power Systems，2016，31 (2)：1604-1613.

[10] W. P. Zarakas，S. Sergici，H. Bishop，et al. Utility investments in resiliency：balancing benefits with cost in an uncertain environment [J]. The Electricity Journal，2014，27 (5)：31-41.

[11] G. Li，P. Zhang，P. B. Luh，et al. Risk Analysis for Distribution Systems in the Northeast U. S. Under Wind Storms [J]. IEEE Transactions on Power Systems，2014，29 (2)：889-898.

[12] M. Panteli，D. N. Trakas，P. Mancarella and N. D. Hatziargyriou. Power Systems Resilience Assessment：Hardening and Smart Operational Enhancement Strategies，Proceedings of the IEEE，2017，105 (7)：1202-1213.

[13] Espinoza S，Panteli M，Mancarella P，et al. Multi-phase assessment and adaptation of power systems resilience to natural hazards [J]. Electric Power Systems Research，2016，136 (Jul.)：352-361.

[14] Henry D，Ramirez-Marquez J E. Generic metrics and quantitative approaches for system resilience as a function of time [J]. Reliability Engineering & System Safety，2012，99：114-122.

[15] Albasrawi M N，Jarus N，Joshi K A，et al. Analysis of reliability and resilience for smart grids [C]：Computer Software and Applications Conference (COMPSAC)，2014 IEEE 38th Annual. IEEE，2014：529-534.

[16] Hashimoto T，Stedinger J R，Loucks D P. Reliability，resiliency，and vulnerability criteria for water resource system performance evaluation [J]. Water resources research，1982，18 (1)：14-20.

[17] Kahan J H，Allen A C，George J K. An operational framework for resilience [J]. Journal of Homeland Security and Emergency Management，2009，6 (1).

[18] Ouyang M，Dueñas-Osorio L，Min X. A three-stage resilience analysis framework for urban infrastructure systems [J]. Structural safety，2012，36：23-31.

[19] 谢绍宇，王秀丽，王锡凡. 电力系统的分割多目标风险分析框架及算法 [J]. 中国电机工程学报，2011，31 (34)：53-60.

[20] 郑恒，周海京. 概率风险评价 [M]. 北京：国防工业出版社，2011.

[21] P. CRUCITTI，V. LATORA，M. MARCHIORI. LOCATING CRITICAL LINES IN HIGH - VOLTAGE ELECTRICAL POWER GRIDS [J]. Fluctuation and Noise Letters，2005，05 (02)：L201 - L208.

[22] Y. Koç，M. Warnier，R. E. Kooij，et al. Structural Vulnerability Assessment of Electric Power Grids. 2013.

[23] B. C. Lesieutre，S. Roy，A. Pinar. Power System Extreme Event Detection：The Vulnerability Frontier [C]. Proceedings of the Annual Hawaii International Conference on System Sciences，2008.

[24] G. E. Apostolakis，D. M. Lemon. A Screening Methodology for the Identification and Ranking of Infrastructure Vulnerabilities Due to Terrorism [J]. Risk Analysis，2005，25 (2)：361 - 376.

[25] G. Brown，M. Carlyle，J. Salmerón，et al. Defending Critical Infrastructure [J]. Interfaces，2006，36 (6)：530 - 544.

[26] H. Mo，M. Xie，G. Levitin. Optimal resource distribution between protection and redundancy considering the time and uncertainties of attacks [J]. European Journal of Operational Research，2015，243 (1)：200 - 210.

[27] W. Yuan，L. Zhao，B. Zeng. Optimal power grid protection through a defender - attacker - defender model [J]. Reliability Engineering & System Safety，2014，121：83 - 89.

[28] Edison Electric Institute. Before and After the Storm - Update A compilation of recent studies，programs and policies related to storm hardening and resiliency [R]. Washington D. C.：Edison Electric Institute，2014.

[29] U. S. Executive Office Of The President. Economic benefits of increasing electric grid resilience to weather outages [R]. Washington，DC：U. S. Executive Office Of The President，2013.

[30] New York State Smart Grid Consortium. Powering New York State's future electricity delivery system：grid modernization [R]. New York：New York State Smart Grid Consortium，2013.

[31] D. T. Ton，W. T. Wang. A more resilient grid：The US Department of Energy joins with stakeholders in an R&D plan [J]. Power and Energy Magazine，IEEE，2015，13 (3)：26 - 34.

[32] 朱正，廖清芬，刘涤尘，贾骏，唐飞，邹宏亮. 考虑新能源与电动汽车接入下的主动配电网重构策略 [J]. 电力系统自动化，2015，39 (14)：82 - 88+96.

[33] 杨丽君，吕雪姣，李丹，汪明，卢志刚，于琦. 含分布式电源的配电网多故障抢修与恢复协调优化策略 [J]. 电力系统自动化，2016，40 (20)：13 - 19.

[34] 刘思聪，周步祥，宋洁，et al. 考虑分布式电源出力随机性的多目标故障恢复 [J]. 电测与仪表，2018，55 (2)：123 - 128.

[35] J. Li，X. Ma，C. Liu and K. P. Schneider，"Distribution System Restoration With Microgrids Using Spanning Tree Search，" IEEE Transactions on Power Systems，2014，29 (6)：3021 - 3029.

[36] C. Chen，J. Wang，F. Qiu and D. Zhao，"Resilient Distribution System by Microgrids Formation After Natural Disasters，" IEEE Transactions on Smart Grid，2016，7 (2)：958 - 966.

[37] Y. Xu，C. Liu，K. P. Schneider，F. K. Tuffner and D. T. Ton，"Microgrids for Service Restoration to Critical Load in a Resilient Distribution System，" IEEE Transactions on Smart Grid，2018，9 (1)：426 - 437.

[38] B. Chen，C. Chen，J. Wang and K. L. Butler - Purry，"Sequential Service Restoration for Unbalanced Distribution Systems and Microgrids，" IEEE Transactions on Power Systems，2018，33 (2). 1507 - 1520.

[39] M. Farajollahi，M. Fotuhi - Firuzabad and A. Safdarian，"Optimal Placement of Sectionalizing Switch Considering Switch Malfunction Probability，" IEEE Transactions on Smart Grid，2019，10 (1)：403 - 413.

[40] S. Ma，S. Li，Z. Wang and F. Qiu，"Resilience - Oriented Design of Distribution Systems，" IEEE

Transactions on Power Systems，vol. 34，no. 4，pp. 2880－2891，July 2019.

[41] 卞艺衡，别朝红. 面向弹性提升的智能配电网远动开关优化配置模型［J］. 电力系统自动化，2021，45（3）：33－39.

[42] A. Arif，Z. Wang，J. Wang and C. Chen，"Power Distribution System Outage Management With Co－Optimization of Repairs，Reconfiguration，and DG Dispatch，" IEEE Transactions on Smart Grid，2018，9（5）：4109－4118.

[43] S. Lei，C. Chen，Y. Li and Y. Hou，"Resilient Disaster Recovery Logistics of Distribution Systems：Co－Optimize Service Restoration With Repair Crew and Mobile Power Source Dispatch，" IEEE Transactions on Smart Grid，2019，10（6）：6187－6202.

[44] A. Arif，Z. Wang，C. Chen and J. Wang，"Repair and Resource Scheduling in Unbalanced Distribution Systems Using Neighborhood Search，" IEEE Transactions on Smart Grid，2020，11（1）：673－685.

[45] Alvehag K，Soder L. A Reliability Model for Distribution Systems Incorporating Seasonal Variations in Severe Weather［J］. IEEE Transactions on Power Delivery，2011，26（2）：910－919.

[46] Y. Lin，Z. Bie，Tri－level optimal hardening plan for a resilient distribution system considering reconfiguration and DG islanding. Appl Energy，210（2018）：1266－1279.

[47] 李更丰，邱爱慈，黄格超，桂恒立，别朝红. 电力系统应对极端事件的新挑战与未来研究展望［J］. 智慧电力，2019，47（08）：1－11.

[48] Ji C，Wei Y，Poor H V. Resilience of Energy Infrastructure and Services：Modeling，Data Analytics and Metrics［J］. 2016.

[49] Olfati－Saber R，Murray R M. Consensus problems in networks of agents with switching topology and time－delays［J］. IEEE Transactions on Automatic Control，2004，49（9）：1520－1533.